普通高等教育"十三五"规划教材

基础化妆

第二版
The Second Edition

韩雪飞　主编

U0201806

化学工业出版社

·北京·

本书是一本介绍化妆基础知识较为全面的教材，从化妆基础的理论方面运用图文并茂的形式进行讲解，结合相关实践操作图片进行分析，用理论与实践相结合的方式对化妆基础进行诠释。从化妆的历史、化妆基础知识、化妆设计中色彩基础知识、局部化妆技巧与化妆程序、面部及五官矫正化妆、化妆设计的形态要素与形式美法则、化妆造型分析、化妆造型作品点评及赏析共七章的内容对化妆基础进行全面的讲解和分析。

本书适用于本科、高职高专等服装类专业、表演类专业、人物形象设计专业低年级以及化妆培训学校刚接触化妆基础的学生使用。同时，对需要了解化妆基础知识的广大化妆爱好者也具有一定的参考价值。

图书在版编目（CIP）数据

基础化妆/韩雪飞主编．—2版．—北京：化学工业出版社，2019.7（2024.11重印）
ISBN 978-7-122-34188-4

Ⅰ.①基…　Ⅱ.①韩…　Ⅲ.①化妆-基本知识　Ⅳ.①TS974.1

中国版本图书馆CIP数据核字（2019）第054984号

责任编辑：蔡洪伟　　　　　　　　　　　文字编辑：李　瑾
责任校对：宋　夏　　　　　　　　　　　装帧设计：王晓宇

出版发行：化学工业出版社（北京市东城区青年湖南街13号　邮政编码100011）
印　　装：天津市银博印刷集团有限公司
710mm×1000mm　1/16　印张8¼　字数135千字　2024年11月北京第2版第10次印刷

购书咨询：010-64518888　　　　　　　　售后服务：010-64518899
网　　址：http://www.cip.com.cn
凡购买本书，如有缺损质量问题，本社销售中心负责调换。

定　　价：48.00元

编写人员名单

主　　编　韩雪飞

副主编　　王　颖　刘　姮

　　　　　戴文翠

编写人员（排名不分先后）

　　　　　韩雪飞　王　颖

　　　　　刘　姮　戴文翠

　　　　　孙　丹　郑亚敬

　　　　　李　源　王泽一

前言

《基础化妆》自2014年出版以来被全国多所学校选作教材，得到了读者的认可与好评，为了更好地服务于广大读者，编写人员对本书进行了修订再版。本次修订，编者们在多方听取了使用者意见的同时，不断汲取国内外最新的化妆知识，希望把自己的所思所想和点滴进步反映到新版教材中。本次修订在保持整体结构不变的基础上，对全书做了以下几方面的修改。

（1）将本书中的一些图片替换成了作者最近几年积累和收集的一些新图片，更有利于教学。

（2）对书中的一些文字进行了更改同时补充了一些新知识，紧跟时代的发展与变化。

（3）本次修订还配套了电子教案（登录www.cipedu.com.cn免费下载），方便教师根据我们提供的资料整理出适合自己上课的教学资源。

本次修订具体编写分工为：绪论由韩雪飞编写，第一章由韩雪飞、孙丹编写，第二章由李源编写，第三章由王颖编写，第四章由韩雪飞、郑亚敬编写，第五章由戴文翠、韩雪飞编写，第六章由刘姮编写，第七章由韩雪飞、王泽一编写。全书由韩雪飞负责组织、规划与设计，对所有章节进行统稿、校稿，并对本书整体润色及最后定稿。

本书是一本介绍化妆基础知识较为全面的教材，适用于本科、高职高专等服装类专业、表演类专业、音乐类专业、人物形象设计专业低年级以及化妆培训学校刚接触化妆基础的学生使用。同时，对需要了解化妆基础知识的广大化妆爱好者也具有一定的参考价值。

本书从理论上介绍了化妆基础的各方面知识，但对于学习基础化妆的学生来说，实践操作中不断累积经验和探索适合自己的方法才是最重要的。由于编者水平有限，教材中可能会有疏漏的地方，希望专家、读者给予批评指正，共同推进本学科的进步和发展。

编　者
2019年3月

第一版
前言

随着经济水平的不断增长和人们对自身形象的不断重视，化妆已经成为人们日常交往中互相表达尊重的一种形式了。学习化妆不但需要了解相关的基础理论知识，还需要掌握化妆操作的基本技能。

本书从化妆基础的理论方面运用图文并茂的形式进行专业讲解，结合相关实践操作图片进行分析，用理论与实践相结合的方式对化妆基础进行诠释。从化妆的历史、化妆的基础知识讲解、化妆色彩分析、化妆技巧和程序阐述、形式美法则运用、各种造型分析、造型鉴赏共七章的内容对化妆基础进行全面的讲解和分析。其中绪论由金令男、韩雪飞编写，第一章由韩雪飞、杨钰婷编写，第二章由李源、金令男编写，第三章由韩雪飞、戴文翠编写，第四章由韩雪飞、郭斐编写，第五章由郭文君、金令男、韩雪飞编写，第六章由韩雪飞、毛九章编写，第七章由韩雪飞、王然、励娇编写。感谢王然同学在本书编写过程中进行图片处理。全书由韩雪飞负责组织、规划与设计，对所有章节进行统稿、校稿，并对本书整体润色及最后定稿。

本书是一本专业介绍化妆基础知识较为全面的教材，适用于本科、高职高专等服装类专业、表演类专业、音乐类专业、人物形象设计专业低年级以及化妆培训学校刚接触化妆基础的学生使用。同时，对需要了解化妆基础知识的广大化妆爱好者也具有一定的参考价值。

本书从理论上介绍了化妆基础的各方面知识，但对于学习基础化妆的学生来说，实践操作中不断累积经验和探索适合自己的方法才是最重要的。由于编者水平有限，教材中可能会有疏漏的地方，希望专家、读者给予批评指正，共同推进本学科的进步和发展。

编　者
2014年3月

目录

第一章

化妆基础知识 / 020

第四章

面部及五官矫正化妆 / 070

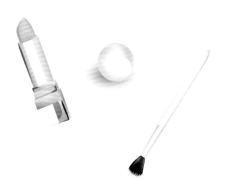

第五章

化妆设计的形态要素与形式美法则 / 085

6 第六章

化妆造型分析 / 103

7 第七章

化妆造型作品点评及赏析 / 110

绪论

　　通过本章学习，让学生从理论的角度了解化妆的各种起源学说，简单介绍国内外化妆的历史发展过程；化妆的概念、化妆的分类及特征，掌握学习化妆过程需要了解的领域和涉及的专业知识。

　　化妆是运用化妆品和化妆工具，采取合理的化妆步骤和技巧，对模特的面部、五官及其他部位进行描画和修饰，增强面部立体感，调整肤色，掩饰面部缺陷，表现人物神采，从而达到美化面部特征的目的。化妆不但能表现出女性独有的天然丽质，还能够成功地唤起女性的潜在活力，使人增强自信心、精神焕发。

第一节　化妆的起源

　　化妆的起源可以从宗教、装饰、保护、身份、繁衍等几个话题谈起。各个社会时期的主导文化不同起源也不同，因此化妆的起源不能只用一种学说诠释。根据化妆的目的及作用有以下几种学说。

1.宗教说

　　属于一种宗教行为，用颜色或者颜料驱病免灾，祈祷平安。原始社会把某种动物或者植物作为本族的图腾加以崇拜，认为装扮它可以受到神灵的保护，壮胆并且可以消除灾难。

2.装饰说

原始人从自然中受到启发，把花、动物等图案以文身的形式画在皮肤上装点成不同的图案。

3.保护说

保护说包括两种，分别是狩猎说和驱虫说。

（1）**狩猎说** 在许多古代遗留下来的画岩中，有许多人带着角饰去刺杀、围猎动物的画面；在长期狩猎活动中伪装狩猎是最有效的一种狩猎方法。狩猎除了身披动物皮、插羽毛以外人们还会采用绘身绘面的方法来伪装，以便更有效地捕获猎物同时保护自己不受动物的伤害。

（2）**驱虫说** 就是为了防止蚊虫叮咬，也是为了防晒或护肤的目的。

装饰标志说：原始人从自然界中得到启发，以花、鸟、鱼、虫等图案绘于身体和面部作为祭祀、节庆或享受殊荣的一种装饰和标志。

4.身份说

为表示地位或阶级、性别或未婚和已婚等，以集体或个人的形式表示身份等级的妆饰。

5.繁衍说

为了繁衍而产生的妆饰，原始社会的青年男子通过妆饰（佩戴兽牙、犬齿等）显示自己的英勇、果敢和力大无比，在气势上战胜其他男性，吸引心爱的异性。

6.伪装说

古代人用动物的羽毛或尖嘴、动物骨头、植物色素来修饰脸部和身体，以获得战斗的胜利。

一、国内化妆起源

（一）夏、商、周及秦汉时期的妆饰

由于夏、商两代缺乏可信的史料，因此人们对这两代的妆饰文化了解甚少，只能从简单的绘身、绘面演变而来的文身、文面习俗谈起。夏、商时期是我国奴隶制盛行的时期，服饰除了蔽体之外，还作为"分贵贱、别等威"的工具。周代开辟了中国化妆史的一个新纪元。秦汉历史较短，人民生活在压迫

中，只有宫中嫔妃才有化妆的可能，但秦汉时期的化妆却有很多特点可以追溯。

1.化妆

周代尚礼、尚文，推崇天然美，以粉白黛黑的素妆为主，不流行红妆，因此也被称为"素妆时代"。秦汉时期的化妆以浓艳为美，宋人高承在《事物纪元》卷三中说"秦始皇宫中，悉红妆翠眉，此妆之始也"。"红妆翠眉"开启了历代丰富多彩的彩妆风潮。

秦汉时期的眉妆是一大特色，许多帝王与文人对修眉艺术迷恋，如西汉汉武帝"令宫人扫八字眉"，当时贵族女子流行纤巧细长的长眉，湖南长沙马王堆汉墓出土的木俑脸上就是长眉（图0-1）。谢承《后汉书》中记载"城中好广眉，四方画半额"，可见汉代妇女也画过阔眉。

商周时期，出现了妆唇习俗，女子点唇的样式以娇小浓艳为美，称为"樱桃小口"，湖南长沙马王堆汉墓出土的女俑嘴部就为樱桃小口（图0-2）。

秦朝时开始有了面饰即花钿和面靥。花钿也称花子、花面，是一类贴在面部的薄型修饰物，一般修饰在眉间额上。面靥又称妆靥，是指在两侧酒窝处的一种妆饰。最古老的面靥叫作"勺"，指妇女点染于面部的红色圆点。

2.发式

夏朝的发式已无从取证，商朝男子发式为辫发、断发和束发的形式。到了周朝有了完善的冠服制度，因此发式也有了一定的制度。周朝女子流行梳高髻，男子盛行梳髻。到了秦汉时期，其发式的发展已经非常成熟，发髻形制千姿百态。用于普通妇女家居的发髻就是椎髻，在整个秦汉妇女发式中一直占主导地位。图0-3中为云南

图0-1　长沙马王堆汉墓木俑

图0-2　长沙马王堆汉墓女俑樱桃小口

图0-3　椎髻

第一节　化妆的起源

基础化妆

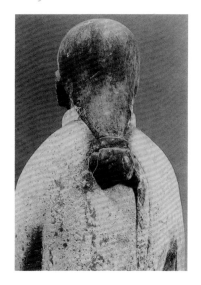

图0-4 堕马髻

图0-5 面饰

晋宁石寨山甲区一号墓出土的青铜储贝器盖饰人物。另一种比较流行的垂髻即堕马髻（图0-4）。汉代女子中除了流行以上两种髻式外，梳高髻也很盛行。因其梳起来比较烦琐，多为宫廷嫔妃、官宦小姐所梳。

（二）魏晋南北朝时期的妆饰

魏晋南北朝时天下大乱，各诸侯割据，佛教思想在此时扩大影响。随之伴随的文学、音乐、建筑、舞蹈、服装和妆饰等给我国文化和艺术领域带来深远的影响。妆饰呈现出一派求新立异，充满想象的崭新景象。

1. 化妆

流行白妆、红妆和紫妆。白妆多见于宫女所饰，用白粉敷面，两颊不施胭脂，追求素雅之美。红妆即红粉妆，以胭脂、红粉涂染面颊。紫妆即以紫色的粉敷面，南北朝时期较流行。

眉妆以峨眉、长眉、八字眉最为流行，此时也出现了出茧眉，眉形短阔，如春蚕出茧。面饰则有额黄、斜红、花钿和面靥。额黄是以黄色染料染画于额间，亦可用黄色硬纸或金箔剪制成花样，用胶水粘贴于额上。斜红则是面颊上的一种妆饰，形如月牙，色彩鲜艳，分别于面颊两侧，鬓眉之间（图0-5）。此时的面靥也不仅局限于圆点，出现各种花样与质地的面靥。唇妆仍以红润为美。

2. 发式

巍峨的高髻独领风骚，其样式多种多样，有灵蛇髻（因其样式扭转自如，似游蛇蜿蜒）、飞天髻（初为宫娥所做，后遍及民间）、螺髻（在北朝妇女中比较流行，形似螺壳）。

（三）隋唐时期的妆饰

隋代从服装至妆饰上总体崇尚简约。唐朝是我国封建文明的鼎盛时期，也是我国古代妆饰上富丽与雍容的顶峰。

1.化妆

隋代流行简约，而唐代出现了许多时髦且流行的面妆。主要以红妆为主，其中包括酒晕妆、桃花妆、节晕妆和飞霞妆。酒晕妆是红妆中最为浓艳的，先施白粉，后在两颊抹以浓重的胭脂，通常为妇女所作（图0-6）；桃花妆比酒晕妆的红色稍浅一些，因妆色艳如桃花而得名（图0-7）；节晕妆是以胭脂涂抹而成，色彩淡雅适中，似桃花妆；飞霞妆是比桃花妆更淡雅的红妆，先施朱粉，后以白粉盖之，有白里透红之感，多见于少妇使用（图0-8中左数第二位）。

图0-6　酒晕妆　　　　　　图0-7　桃花妆　　　　　　图0-8　飞霞妆

唐代还开辟了中国历史上乃至世界历史上的眉式造型最为丰富的辉煌时代。柳叶眉即柳叶状；月眉即比柳叶眉略宽，比长眉略短的眉式；阔眉是唐朝女子的主要眉式；八字眉在中唐时期又重新流行，更为宽阔、弯曲。

面饰主要有额黄、斜红、花钿和面靥。斜红一般涂于太阳穴位置（图0-9）；花钿除了增添美感之外，还用于掩瑕，图案也丰富了许多（图0-10）；面靥在隋唐五代极为盛行，范围扩大，形状也更加丰富。

唐代唇妆除了唇色丰富以外，唇妆的形状也千奇百怪，但依旧以娇小浓艳的樱桃小口为

图0-9　斜红

美。眼妆主要是勾画上眼线，使得眼睛显得细而长，甚至延长到鬓发处（图0-11）。

图0-10　花钿　　　　　　图0-11　唐代唇妆、眼妆

2.发式

隋代崇尚简约，因此发型也比较简单，唐代在沿袭了隋代发式的基础上创造了许多丰富的发式造型。主要有惊鸿髻（图0-12）、反绾髻（初唐时期较为流行的一种发髻）、螺髻（盛行于武则天时期，分单螺髻和双螺髻，图0-13）、双鬟望仙髻、半翻髻及中晚唐时期最为流行的抛家髻（图0-14）。

图0-12　惊鸿髻　　　　　图0-13　螺髻　　　　　　图0-14　抛家髻

（四）宋辽金元时期的妆饰

宋元时汉族女子的妆饰与唐朝相比要素雅、端庄，但崇尚华丽、追求新颖之风尚存，并未减弱。

1.化妆

宋元时期妆饰文化中出现了一个重要现象就是"缠足"习俗，也是后期明清两代妆饰文化由头转移至脚部的一个萌芽。由于受理教思想束缚，对面部的妆饰在慢慢减弱，大多摒弃了唐代浓艳的红妆，多以素雅、浅淡的妆饰为主，称为"素妆""薄妆"等。

面妆主要有飞霞妆、慵来妆。慵来妆饰薄施朱粉，浅画双眉，鬓发蓬松卷曲，给人以慵来之感。峨眉占据眉妆主流，还流行出茧眉（图0-15）。唇妆仍以小巧圆润的樱桃小口为美，但颜色相对要淡雅一些。

2.发式

宋代妇女以高髻为美，并配以高冠与长梳。在北宋年间流行形态高大的朝天髻（图0-16）、同心髻。

图0-15　出茧眉　　　　　　　图0-16　朝天髻

（五）明清时期的妆饰

明清时期因受到美学思潮（心学美学）及儒家思想的影响，明清女子的妆饰风格上趋于简约、淡雅。到了清代，几千年的面饰也慢慢消失了，而缠足则达到了鼎盛时期。明清的女子发式在高度上有明显的收敛，到了清代后期，发髻逐渐崇尚扁小，从头顶移至颅后。

1.化妆

明清妇女大多画红妆，薄施朱粉，清淡雅致；同时也出现了另类面妆即

基础化妆

图0-17　两把头

图0-18　大拉翅

图0-19　古埃及人化妆风格

黑妆,以木炭研成粉末涂染于额上。明朝眉妆大多以纤细弯曲为主,只有长短深浅的变化。而清朝均为眉头高眉尾低,眉形纤细,给人低眉顺眼、楚楚动人之态。唇妆则仍以樱桃小口为美,清代还出现了有代表性的唇式,即上唇涂满口红,下唇仅在中间点上一点,在宫廷中非常流行。到了晚清时,下唇一点的唇式慢慢退出历史舞台,而变为涂满整个嘴唇。

2.发式

清代满族妇女梳一字头,又称"两把头"(图0-17)、"平头"、大拉翅(图0-18)和大盘头。

二、国外化妆起源

(一)古埃及时期的妆饰

1.化妆

埃及文明在公元前4000年就出现在尼罗河两岸,真正的审美意义上的化妆就是从埃及开始的。起初,古埃及人是为了保护眼睛,用西奈半岛产的孔雀石(具有杀菌作用)制作的青绿色粉末来涂抹眼睛、画眼线,并将眼睛画很长,眉毛也画得很重,使人感到美感,男女都盛行。埃及艳后眉角那带有几分倔强、几分妖媚的长长眼线,几乎成为和金字塔、狮身人面像一样出名的金字招牌,那是古埃及人最具有标志性的化妆风格(图0-19)。

2.发式

古埃及的统治者为了维护和彰显王者的

权威和权势，通常利用假发来拉开与平民的距离，区分等级。由于宗教的原因，古埃及男女的头发通常都是剃光的，也有的女子头发剪得很短。男性假发一般长及肩部，女性假发长至胸部，且前额几乎都被假发遮盖住。古埃及的女子很注重帽子，用有刺绣图案的棉麻及厚羊毛制成，有睡莲、莲花、蛇形图案等，莲花象征富饶，有时还妆饰羽毛。除了帽子以外还有其他头饰，都具有象征意义，如图0-20所示。

3.其他

香料是古埃及时期最早的化妆品之一，

图0-20 古埃及头饰

由于生活环境的原因，大多数香料与药物合为一体，兼具美容与治疗的功效，通过浸泡、捣碎等简单加工的方式制成，等同于现在的香水功效。

（二）古希腊时期的妆饰

希腊人富于创新精神，同时也是古典文明的象征，具有独特的智慧，强调和谐与平衡，人们心中完美的服装是要精致地与身体浑然一体。

1.化妆

传世时期的希腊女子很少化妆，但是到了公元14世纪，除了下层社会女子外，几乎所有希腊女性都开始化妆，无论老少，但大多都喜欢白的肤色，配上鲜艳的红唇和面颊，形成强烈的对比。人们大量使用香水和化妆品，用锑粉修饰眼部，用自制的白铅化妆品改善皮肤的颜色和质地，上层社会的女子还佩戴珍贵的头饰，例如金锣圈、银带或铜带等。

2.发式

古希腊人喜欢蓄发，早期发型崇尚自然美，头发会很随意地披散，不仅女子流行卷曲波浪状的长发，男子的头发也长而卷曲。后来又比较流行用带子和头巾将头发固定成某种样式，使得头发低低地压在前额，又低低地压在后颈上，如图0-21所示。

图0-21 古希腊人发式

基础化妆

3.其他

希腊人富有创新精神，古希腊人们都穿戴整块布幅，只需要在不同的地方制造褶皱、开衩以及巧用别针，人们心中最完美的服装是要精致地与身体浑然一体。

（三）古罗马时期的妆饰

1.化妆

罗马文化深受古希腊文化的影响，罗马人除了少数富有的人拥有私人浴池外，其余人都爱上公共浴室、泡温泉，因此他们广泛使用化妆品，如香水、护肤品。公元前2世纪，丝质围巾、手帕、扇子、遮阳伞等饰品开始流行起来。

古罗马人继承了古希腊人雪白的肌肤和画朱红双唇的习惯，还用植物混合朱砂制成胭脂来染红双颊及嘴唇，同时更加注重眼部的化妆，喜欢用墨黑的颜色画眉和睫毛，使自己看起来浓眉大眼。

2.发式

女子发式与古希腊的发式非常相似，较显著特征就是更喜欢发髻。公元3世纪，古罗马女子流行的发式是将头发梳至头后，有时将耳朵覆盖，头发呈回折梳拢状，如图0-22所示。

图0-22　古罗马人的发式

3.其他

强大的军事力量让古罗马文化体现得很具体。

（四）文艺复兴时期的妆饰

文艺复兴时期是一个星光灿烂的时代，涌现出许多杰出人才，在文艺复兴时期不论男女，出门时必不可少的服饰之一就是面具，同时人们还非常注重外表和人体的比例（身长比例为七个半头或八个头）。

1.化妆

女子美的标准是椭圆形脸，坚挺的鼻子和圆形拱眉，唇宽与鼻齐。很多女性把发际线提高，甚至把眉毛剃掉，露出宽阔洁净的额头，象征智慧、纯洁和健康。三白、三黑和三红原则：三白即皮肤白、手白、牙齿白；三黑即眉毛黑、睫毛黑、眼线黑；三红即脸颊红、嘴唇红、指甲红，并且三黑、三红的化妆要自然，不能浓艳。

红白妆在英国伊丽莎白女王的影响下，女性开始将面部涂成红白两色，即苍白的面部、红润的唇部。将眉毛剃掉，只有这种妆扮才是华贵女性的必备化妆术，更能衬托脸部的苍白，因此当时欧洲贵族大量使用深色的天鹅绒来衬托肤色，如图0-23所示。

图0-23　文艺复兴时期的化妆

2.发式

文艺复兴时期的女性相对妆面来说更注重发型。发式多样，造型独特，较为复杂，并且佩戴许多典雅华丽的头饰，以彰显高贵华丽。女子喜欢染金发，是纯洁美丽、超凡脱俗的象征。发型除了保留盘辫和扎辫以外，自然飘逸的长发也开始受到人们的喜欢。上层社会的女性崇尚发型的饱满和装饰效果，使用金色假发做填充。

3.其他

文艺复兴时期必不可少的服饰之一是面具，而且成立了美容协会，专门发明实验各种新型美容产品和配方，用于防止衰老和美容，服装上最引人注目的发明是衬、箍。

（五）巴洛克、洛可可时期的妆饰

巴洛克和洛可可时期被称为奢侈时期，巴洛克时期男女都推崇随意、自然、优雅。沙龙、设计师、发型师、模特儿以及花边、香水、高跟鞋、手套、手袋等各种时尚纷至沓来，烘托出巴洛克时期的繁荣和精致，当时欧洲上层社会无论男女都化妆。

1.化妆

当时的化妆只强调红白两种颜色，眼部化妆并不重视。到了洛可可时期，当时的贵族妆扮过于白皙，面颊至太阳穴抹上棕色，胭脂延至眼部附近，非常流行高挑眉，眼睑涂抹亮亮的膏体增加眼部轮廓的立体感，嘴角四周涂抹亮油，嘴唇涂上鲜艳的唇膏。洛可可末期胭脂逐渐消失，苍白又成为时尚，强调干净光洁的面部。

17世纪末女性流行点痣，分红色与黑色，数目不等。假痣的位置不同代表含义也不同，如靠近眼部的美人痣，嘴旁的活泼痣，面颊上的风流痣等。

2.发式

17世纪女子最有特色的发式就是假发，上层社会的女子将假发制作成各种卷曲的形状堆积在头顶，有时候会垂落在耳旁。到了18世纪初，高耸的假发达到了顶点和极致，复杂的妆饰也是一大显著特点。贵族妇女更是在假发上追求奢华、独特，饰有假花、网纱、珍珠、宝石、动物、小房子等。假发的高度在20~30厘米，在假发的两侧梳理各式的盘卷花式，如图0-24、图0-25所示。

图0-24　巴洛克、洛可可时期的发式（1）　　图0-25　巴洛克、洛可可时期的发式（2）

3.其他

新兴中产阶级的崛起，个人审美也通过专业设计在造型中闪耀光芒，烘托出巴洛克时期的繁荣和精致。

（六）19世纪的妆饰

19世纪女权主义也影响了造型的观念，过度的化妆和精致的假发逐渐消失，化妆和发型极为朴素，女性很少化妆，少数人使用腮红表现粉嫩的感觉。上流社会流行茶花式的化妆风格，白皙的皮肤，眉形自然，突出眼部，女性涂画眼线和睫毛来突出眼神。从1830年起，女子面色流行雪白色、黄色、蓝色或绿色，面颊凹陷，两眼深邃，如图0-26所示。

19世纪初假发逐渐被短发所取代。尤其是女子发式，造型丰富。有短发、长发、卷曲的辫发和盘发等（图0-27）。

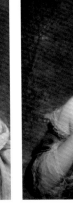

图0-26　19世纪的化妆　　　图0-27　19世纪的女子发式

女权主义影响了造型观念，朴素成为亮点。

第二节　化妆的概述

一、化妆的概念

化妆通常是指通过化妆品、材料和技术来修饰和美化或改变人的容貌，实现个人对美的追求及适应特殊场合的一种手段。

从狭义上理解是指人们在日常社会活动中，以化妆品及艺术描绘的手法来美化自己，达到增强自信和尊重他人的目的。从广义上理解就是指根据不同的目的和要求，对人物进行整体的造型风格设计，利用专业的工具和材料，运用专业的技术和方法，对人的面部及身体进行装饰，从而达到一定的视觉效果。随着社会经济和文化的飞速发展，人们的审美水平也在不断地改变，因此使得化妆展现出许多不同的风格和样式。

二、化妆的分类及特征

化妆可以分为两类，一类是日常生活化妆，另一类则是表演艺术化妆。

基础化妆

（一）日常生活化妆

1.定义

是指人们在日常生活中对外形容貌的打扮和装饰。主要借用了化妆品和化妆技术美化自己，遮盖或改变形象不足之处，同时扬长避短，符合生活审美需求，达到增强自信和尊重他人的目的。

2.分类

一种是自然环境的化妆，指日常一般工作环境和生活环境下的自然光线下的近距离交流的化妆。这种化妆主要是为了美化自身，扬长避短，起到掩饰、改善的作用。另一种则是特定环境的化妆，如婚礼、宴会等。在这种特定的环境下，需要根据不同的环境主题来制订不同的化妆风格和形式。由于受到环境布置、主题及灯光的影响，化妆可以突破自然环境中的化妆，甚至可以用夸张的舞台化妆来完成此环境的化妆。但随着社会经济和文化的不断发展，现代人生活水平的提高，人们的生活也变得丰富多彩，许多有趣的派对主题也应运而生，如旗袍派对、睡衣派对等，此时的化妆也不仅仅局限于掩饰缺陷、美化形象，更多的是在此基础之上迎合主题使之化妆的形式开始艺术化，如图0-28、图0-29所示。

图0-28　自然环境的化妆　　　　图0-29　特定环境的化妆

3.特征

日常生活化妆要具备的三要素就是和谐化、生活化和审美性。所谓的和谐化就是修饰的面部要匀称、和谐、统一。由于在日常生活中人们是近距离接触，因此使得生活化妆从质地、形式及色彩都要达到真实、自然之美。同时面部要和服装、发型和人的气质统一。

生活化则是要符合生活的规律，符合生活环境的真实性并以生活化的修饰美为原则。根据TPO[time（时间）,place（地点）,object（目的）]原则来化妆，利用化妆技巧与手法表现出真实与自然的效果。

审美性是要符合大众的审美标准，根据化妆技巧、方法、流行趋势及审美标准，对人的外貌进行修饰，形式上得到美感，通过外在美提升人的内在美，如气质、品位、自信等，从精神上得到审美的愉悦。

（二）表演艺术化妆

1.定义

以表演和展示为目的，根据角色特点用较为夸张的化妆技巧改变演员的外貌，使其符合表演中人物的特点，创造角色之美。演员在表演中的外部形象塑造一定要符合剧情的需要及所扮演的角色要求，同时符合表演艺术的审美性。

2.分类

表演艺术化妆包括影视化妆（图0-30）、戏剧化妆、戏曲化妆、摄影化妆等。按照其特点分为两大类，其一是本色化妆，其二是角色化妆（图0-31）。本色化妆是强调自然本色之美，在一些影视剧中演员出演是要保持自己的本色形象，不需要改变演员的本来面目，化妆是为了让演员掩饰缺陷，扬长避短，美化形象，使其更加的完美，如主持人、相声演员等。

图0-30　影视化妆　　　　　图0-31　角色化妆

角色化妆是根据表演的内容、风格、演员的外在形象，对演员进行符合角色要求的形象塑造。利用化妆的手法和技巧使得演员的形象与角色接近甚至是一致。

3.特征

表演艺术化妆具备的三要素就是艺术性、技术性和演艺性。艺术性是通过运用多种表现手法，对生活中的造型元素进行生动、鲜明、准确地提炼、重组并加以艺术化凝聚与升华，即源于生活而又要高于生活。

表演艺术化妆是艺术与技术的结合。因其表演的内容、形式、空间、灯光的不同，所以化妆的技术手法也不同。如影视剧、小型广场表演对演员的化妆形式都有所不同，要根据TPO原则，符合所要塑造的人物形象要求。

演艺性是指艺术表演化妆要以演出需要，塑造指定的人物形象为主要目的，通过化妆技巧、方法和形式来改变表演者的外貌、气质和缺陷等，更准确地突出表演的主题和内容。帮助演员塑造人物，更加形象化，体现表演的形象美，加强视觉造型的表现力。

第三节　化妆造型涉及的专业知识

一、化妆技巧

化妆的目的是塑造人物形象，具有鲜明的实用性和审美性。化妆造型主要是在人的面部进行形与色的刻画（图0-32），因此绘画知识对化妆会有很大的帮助。绘画的很多技法是化妆造型的一种造型手段和方法，绘画化妆法是最基本、最常用的方法。另外，还有一种化妆技术则是立体化妆技法，即演员在造型中采用添加附属品来完成平面绘画化妆所不能完成的特殊化妆，种类有毛发、粘贴、牵引、塑型等。

化妆技术是人物造型的基础，也是根基。没有扎实的化妆技巧与方法，无论是日常生活化妆还是表演艺术化妆都无法达到其最终形象的塑造的要求，需要学生在

图0-32　化妆造型

学习的过程中不断地练习化妆技巧、方法并能够在形象塑造中熟练运用。

二、发型设计

　　形象的塑造不仅仅只有面部，同时还需要发型及服饰的完美结合（图0-33）。发型影响着一个人的形象，不同的发型会带给人不同的气质美与形象美。除了需要掌握化妆技术以外还需要掌握发型设计及

图0-33　发型设计

制作技巧。发型设计的过程还涉及脸型的知识。掌握脸型与发型的关系，可提高自身发型设计的专业水平。学生需要具备根据不同风格的妆面及服饰搭配出不同风格的发型的能力。在舞台或影视剧造型中发型、化妆与服装是不可分割的一个整体，发型和服装起到画龙点睛的作用，能够更好地体现剧本中的人物特点，为演员的成功表演加分。

三、服饰搭配

　　上面已经提到一个完整的造型不仅包括妆面，还有发型及服饰等（图0-34）。人物造型中化妆与服装是不可分割的整体，服装的款式、色彩和造型直接影响化妆的设计风格与表现。因此学生需要具备的能力之一就是关于服饰搭配。服饰搭配大体包括了个性服装搭配、服装款式搭配、脸型与身材搭配、颜色搭配等。学生需要掌握体型、风格和脸型的分类及特征、色彩搭配原则和要点等相关知识。根据剧本对人物形象的要求对人物进行真实生活的再现并在此基础上进行创作。每个历史时期的服装都

图0-34　服饰搭配

图0-35　美学原理

具有每个时期的特征，学生同时需要掌握各朝代的服饰特点并能够合理运用，使得化妆和服装形成一个整体。

四、美学原理

学生为什么要掌握美学原理呢？其目的是为了根据剧本或要求更好地设计与创作（图0-35）。后面会具体地谈到关于化妆的美学原理的相关知识，这里简单地说明一下。美学原理主要涉及化妆设计的形式美法则，即对称与均衡、对比与调和、节奏与韵律、比例与尺度等；还有化妆设计中的形态、色彩与质地要素等。探索、研究和掌握美学原理能够培养我们对形式美的敏感度，以便更好地设计人物形象的整体造型，达到形式与美的高度统一。

五、舞美知识

舞台布景的风格直接影响了人物造型及演员的表演和导演的调度，舞台美术各个部门的设计也是一个不可分割的整体，充分掌握舞台美术相关知识是非常重要的。舞美知识中舞台布景的灯光设计与化妆是最为密切的（图0-36），没有灯光就没有化妆；没有灯光的配合，化妆也不会很容易成功。化妆的成败除了与人物在剧中的表现有关以外，更重要的是化妆的实际效果。光的色彩、角度、明暗度、饱和度、冷暖度等都会对化妆的实际效果产生很大的影

图0-36　舞台灯光

响。化妆需要灯光的配合，同时也需要学生掌握灯光与化妆的关系，并且在实际操作中灵活的运用。

六、想象力与创造力

化妆造型整体来看是一门综合的形象艺术，它是在人的基本相貌的基础之上扬长避短，弥补缺陷，或者营造出不同的风格，或根据剧本的要求对人物进行符合人物外形、性格的形象塑造，绝非简单地实操，更重要的是需要设计并塑造（图0-37）。化妆造型属于艺术创作的范畴，蕴含着丰富的艺术修养。作为从业者必须具备一定的文化底蕴和扎实的专业功底等多方面的知识和修养，才能创作出富有生命力和内涵的作品。而如何培养和提高自身的想象力和创造力呢？首先需要不断拓宽眼界，提高个人的艺术修养和审美能力。所谓艺术修养，是指从业者需要学习各方面艺术知识，丰富自身的想象力和创造力。其次，需要具备扎实的专业功底，不断提高自身专业水平。再次，艺术源于生活并高于生活，需要从生活中吸取营养并沿用到创作中去。学生需要细心观察和体验生活，捕捉时尚信息，丰富创作来源，融入并热爱生活才能培养自己对形象的感受力、想象力和创造力。

图0-37　化妆造型

第一章
化妆基础知识

第一节　面部整体分析

一、面部各部分名称及其骨骼的生理结构

化妆造型主要是在人物面部结构上实施不同的化妆技术，并运用线条和颜色的明暗关系来塑造面部的立体感。我们必须先了解五官各部分的名称和面部骨骼的生理结构，才能塑造出更加精致的五官和更加立体的面部结构轮廓。

（一）面部各部分名称

面部各部分名称，如图1-1所示。

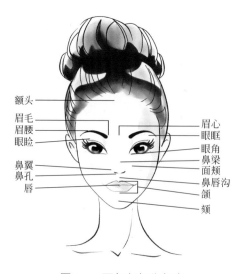

图1-1　面部各部分名称

① 额头：从发际线到眉心的位置。

② 眉毛：位于眶上缘的位置。

③ 眉腰：眉毛颜色最深的部分。

④ 眉心：两眉毛之间的位置。

⑤ 眼睑：也称眼皮，环绕眼睛周围的皮肤组织，分为上眼睑和下眼睑。

⑥ 眼角：也成为眼裂，分为内眼角和外眼角。

⑦ 眼眶：眼皮的外边缘构成的眶。

⑧ 鼻梁：鼻子隆起的部位，上部称为鼻根，下部称为鼻尖。

⑨ 鼻翼：鼻尖两旁的部位。

⑩ 鼻唇沟：鼻翼两侧凹陷的部位。

⑪ 鼻孔：鼻尖下方鼻腔通道。

⑫ 面颊：位于眼睛到下颌的两侧部位。

⑬ 唇：口周围的肌肉组织。

⑭ 颌：口腔上部和下部的骨头与肌肉组织，上部为上颌、下部为下颌。

⑮ 颏：位于唇下，脸的最下部分，称为下巴。

（二）骨骼的生理结构

头部骨骼是化妆造型的基础，人的种族、民族、性别、年龄及个体特征不同，头部骨骼结构也会有所不同。例如：男女的额骨区别为男性较方、起伏明显，整块额骨向后倾斜度大；女性的额骨圆而饱满，角度平直。瘦人颧骨突出，胖人由于脂肪多呈现凹陷。

二、面部的五官比例关系

（一）整体比例关系

人的面部不仅需要五官比例匀称，更需要精确的比例结构。人的面部特征千差万别，年龄的不同、性别的不同、种族的不同都会影响面部的比例关系，五官的比例关系一般以三庭五眼为标准和依据，对面部化妆具有重要参考价值，如图1-2所示。

图1-2　整体比例

1.三庭

三庭是指脸的长度比例，即由前发际线到下颌分为三等份，分别称为上庭、中庭、下庭。上庭是指前发际线至眉心部分，中庭是指眉心到鼻底部分，下庭是指鼻底到下颌部分。

2.五眼

五眼是指脸的宽度比例，即以眼睛长度为标准。从面部正面观察，两只眼睛之间的宽度和两只眼睛外眼角至两侧发际线距离应等同于一只眼睛的距离。

三庭五眼的比例关系符合现代人对五官的外形比例要求，所以三庭五眼决定着脸的长度和宽度的比例，也成为矫正化妆的基本依据。

（二）局部比例关系

1.眼睛与面部的比例关系

眼轴线为面部的黄金分割线，眼睛与眉毛的距离等于一只眼睛中黑色部分的大小。

2.眉毛与面部的比例关系

眉头与内眼角和鼻翼应基本保持在一条垂直线上。
眉尾与外眼角和鼻翼应基本保持在一条斜线上。

3.嘴唇与面部的比例关系

嘴部轮廓在静止时，以上唇峰至下唇底线间距为宽，以两嘴角间距为长，构成一个黄金矩形。

三、脸型分析及特征

1.椭圆形脸

椭圆脸型又称鹅蛋脸型，其特征是脸部宽度长度适中，从额头面颊到下巴的线条修长俊秀，给人古典的美感和含蓄气质的印象，此种脸型长久以来被视为最理想的脸型，如图1-3所示。

2.圆形脸

圆脸型其特征是脸部的长宽比例接近，颧骨结构不明显，少有棱角，给

人可爱、明朗、活泼、平易近人的感觉，但略显稚气，缺乏成熟感，如图1-4
所示。

图1-3　椭圆形脸　　　　　　　图1-4　圆形脸

3.长形脸

长脸型其特征是额头与下颌的轮廓硬朗且方正，脸型偏长，给人以正直、
成熟的印象，但缺乏柔美的感觉，如图1-5所示。

4.方形脸

方脸型其特征是面部棱角分明，前额和下颌角偏方，给人以稳重、刚强、
富有正义感的印象，但缺乏柔美、轻盈的感觉，如图1-6所示。

图1-5　长形脸　　　　　　　图1-6　方形脸

5.正三角形脸

正三角脸型的特征是额头较窄，下颌骨偏宽，整个面部显现梨形，给人以稳重、憨厚的印象，也会给人以发福的感觉，如图1-7所示。

6.倒三角形脸

倒三角脸型的特征是脸部轮廓上大下小、上宽下窄，给人以聪明、小家碧玉的印象，也有俏丽秀气的感觉，如图1-8所示。

7.菱形脸

菱形脸型被西方人称为钻石形脸型，其特征是额头下颌较窄，颧骨突出，面部具有立体感，给人以不温和、冷淡的印象和不易接近的感觉，如图1-9所示。

图1-7　正三角形脸　　　　图1-8　倒三角形脸　　　　图1-9　菱形脸

四、皮肤的性质及类型

每个人的皮肤都会呈现出不同的特征和类型，随着年纪的增长、生理的变化或地域环境的影响都会产生各种变化，根据皮肤的不同形态，我们将皮肤的类型进行以下分类。

1.干性皮肤

（1）特征　皮肤洁白细腻，毛孔细小且不明显，也不易产生粉刺。由于面部缺少油脂分泌，极易产生细小的干纹，尤其是眼部和唇部周围。

（2）**保养** 针对此种皮肤类型，一定要在平时和化妆前选择有保湿功效的爽肤水进行肌肤护理，充分滋润皮肤后再用保湿乳液和精华液来湿润皮肤。人的皮肤会随着年龄的增长越变越干的。

（3）**妆容** 干性肤质的人在化妆后容易出现浮粉的现象，化妆时可在粉底或化妆海绵上喷少量的水起到缓解干燥的作用。如果出现浮粉现象，需要让皮肤多吸收一会儿底妆才会有贴合感。吸收后的妆容附合力强，不易脱妆。

2.油性皮肤

（1）**特征** 油性皮肤油脂分泌旺盛，毛孔粗大且明显，容易产生粉刺、青春痘等问题。此种皮肤不容易起皱纹，并且由于油脂分泌的关系，会略显年轻。

（2）**保养** 针对此种皮肤类型，在化妆前洗脸后，需要用收敛水轻拍面部，收缩毛孔，适量涂抹些清爽控油型乳液进行保养。在选择护肤品时，尽量选择水分含量较大的护肤品，减少油脂的分泌，保持毛孔的通畅。在饮食上也要注意尽量选择清淡的食品，避免辛辣、油腻、油炸的食品。

（3）**妆容** 油性肤质的人容易上妆，粉底的吸附力也很强，但是油脂分泌后的妆面持续的时间过短，容易导致掉妆现象，需要不断地补充散粉来进行定妆。在化妆前，最好能够先对面部进行多余油脂的清理，这样妆面的保持时间将会持久一些。

3.中性皮肤

（1）**特征** 皮肤油脂和水分保持平衡，面部皮肤光滑、细腻并且有弹性。皮肤的毛孔均匀，肤色也比较均匀，是所有肤质中最理想的一种皮肤类型。但会随着季节的改变有一些变化：一般在夏季皮肤会出现油脂分泌现象，在冬季皮肤会出现轻微起皮现象。

（2）**保养** 针对此种皮肤类型，选用一些温和中性的、刺激性小的护肤品会更适合。还有就是良好的生活习惯、饮食习惯对皮肤的保养也起到至关重要的作用。

（3）**妆容** 中性肤质的人的妆容是随着季节而产生变化的，所以在不同的季节化妆时需要注意皮肤的护理和保养。

4.混合型皮肤

（1）**特征** 面部的额头、鼻翼两侧和鼻部容易出油、长粉刺等，具有油性皮肤特征；其他部位特别是眼睛周围比较干，具有干性皮肤的特征。此种皮肤类型在亚洲女性中占70%左右。

（2）**保养**　针对此种皮肤类型，根据部位的不同，进行不同的护肤保养，让皮肤干的地方保持湿润，让皮肤油的地方保持干爽。

（3）**妆容**　在皮肤出油的部位打好粉底后，多扑些散粉，并注意补妆和吸油。皮肤干燥的部位从打粉底开始就需要注意保湿。

5.敏感性皮肤

（1）**特征**　皮肤会因为季节、水质、环境等因素的变化而产生变化。在接触带有酒精等刺激性物质时，皮肤会出现红肿、痛痒等现象和反应。在日光照射下或饮酒后也会引起皮肤过敏反应。

（2）**保养**　此种皮肤类型，不宜使用刺激性较大的化妆品和护肤品，选用一些纯植物提炼的天然类护肤品会好一些。一定要注意防晒、饮食、及时卸妆等一些细节问题。

（3）**妆容**　从护肤品到化妆品一定要选用纯天然材料的，并且避免频繁更换。初次选择化妆品和护肤品时，应该在耳后或手背处涂抹进行试验。

五、皮肤的颜色及名称

皮肤本身的颜色主要源于遗传，但随着年龄的增长、生活环境、精神状态、护肤保养、日照时间等客观因素的影响，皮肤的颜色会发生很大的变化。总是呆在办公室里没有阳光直接照射的白领丽人一般皮肤都会相对比较白皙；相反，如果是常年饱受风吹日晒的渔民们皮肤颜色相对就比较红黑。很多科学实验证明：皮肤的颜色主要受三种色素影响——核黄素（胡萝卜素）、血红素、黑色素，导致了世界上不同地区的人会有不同的肤色呈现。

那核黄素（胡萝卜素）、血红素、黑色素究竟如何影响我们的肤色呢？核黄素（胡萝卜素）决定皮肤中呈现黄色和橙色的多少；血红素决定皮肤中呈现蓝色和紫色的多少；黑色素决定皮肤中呈现黑色的多少。大家会发现，核黄素（胡萝卜素）和血红素的变化会影响皮肤颜色的冷暖，而黑色素会影响我们肤色的深浅和明暗。

我们东方人拥有黄皮肤，但是因为皮肤中三种色素混合程度差异而呈现出不同的皮肤颜色：有的偏黑、有的偏白、有的偏黄。

肤色不但有明暗和深浅的区别，还有冷暖色调的变化。皮肤呈现冷色调的时候蓝色和紫色多一些；皮肤呈现暖色调时黄色、橙色、红色多一些。在亚洲人的肤色中：皮肤白皙并呈现两颊红润的称之为冷色调皮肤，包括冷浅肤色、冷深肤色、冷暖全色型（图1-10）；皮肤发黄，面色整体一致的称为暖色调皮肤，包括暖浅肤色、暖艳肤色、暖深肤色（图1-11）。

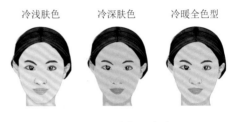

图1-10　冷色调皮肤

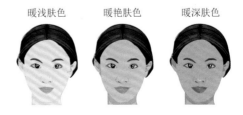

图1-11　暖色调皮肤

第二节　化妆品及其工具的介绍

俗话说得好"工欲善其事，必先利其器"。我们要想画一个完整、美丽的妆面，认识和了解化妆品的种类、化妆工具的使用方法是首要的任务。下面就通过化妆品和化妆工具的介绍让大家有所了解。

一、化妆品介绍

1.粉底

粉底是用来修饰皮肤底色的化妆品。粉底具有遮盖面部瑕疵、统一皮肤颜色、加强面部立体感等作用。粉底的成分为：油脂、水分、色粉等。根据用途的不同，粉底可以分为以下几种。

（1）液体粉底　液体粉底质地水润，涂抹效果通透、自然，非常适合水嫩的皮肤类型。因为水润、滋润效果好理论上比较适合干性皮肤类型。如今各大品牌出品的粉底液都会推出多款针对不同皮肤类型的新品，如图1-12所示。

优势：质地水润、轻薄、自然，适合任何皮肤类型。

劣势：粉底液的遮盖能力较差。

图1-12　液体粉底

图1-13　膏状粉底

图1-14　气垫粉底

图1-15　遮瑕膏

图1-16　散粉

（2）**膏状粉底**　膏状粉底相对液体粉底要厚重一些，油脂含量较多，具有较强的遮盖能力，带妆时间长、不容易脱妆，皮肤也有较强的光泽感和弹性。因为遮盖力强，因此适合于面部瑕疵较多的皮肤及浓妆，更适合需要上镜和较浓的舞台演出类的妆面效果，如图1-13所示。

　　优势：质地较厚，油脂含量较高，所以遮盖能力强、带妆时间长、不易脱妆、皮肤有光泽感和弹性。

　　劣势：粉底厚重，妆面看起来较浓、不清透、妆饰感强。

（3）**气垫粉底**　气垫粉底是兼液体粉底的清透和膏状粉底的覆盖力为一体的粉底。但需要注意控制涂抹量，如果需要获得更佳的修饰效果，可运用少量多次和局部小面积的涂抹方式，一定要均匀涂抹，如图1-14所示。

　　优势：既有液体粉底的清透又有膏状粉底的遮盖力。

　　劣势：涂抹过多，妆容显得厚重。

（4）**遮瑕膏**　遮瑕膏也是粉底的一种，它比膏状粉底更具有遮盖力，更贴合皮肤，并且可以局部使用。每个人脸部都会有瑕疵，运用遮瑕膏可以让皮肤看起来更加光滑细致，如图1-15所示。

　　优势：遮瑕效果好，让面部看起来更光滑细致。

　　劣势：遮瑕膏更适合局部遮瑕，不适合整个面部的涂抹。

2.散粉

　　散粉，呈微细颗粒粉末状，具有吸收粉底油分、保持妆面的持久性、皮肤看起来更加光滑、防止脱妆等功效，使皮肤呈现出细腻自然的效果，如图1-16所示。

3.眼影

眼影用于对眼部周围的化妆，眼部修饰眼影当属首选，它可以增加眼部的颜色和立体效果，能使眼睛更加生动。颜色的多样化，赋予眼部立体感，通过其他五官色彩的组合，让整个脸庞更加妩媚动人。

（1）**粉状眼影** 粉状眼影的上妆效果好，带妆持久，色彩丰富，是专业化妆师的必备品之一。眼影从质地上可分为珠光眼影和哑光眼影。哑光眼影适用于自然妆面和有上镜需求的妆面化妆，浮肿型的眼睛也适合哑光粉底；珠光眼影具有反光的效果，更适用于时尚妆面和晚宴华丽的妆面等，如图1-17所示。

（2）**膏状眼影** 膏状眼影因为携带方便、容易涂抹等特点在近几年较为流行，但缺点是容易脱妆，不适合长时间带妆使用；如果希望眼部具有特殊效果，膏状眼影可以与粉状眼影结合使用，如图1-18所示。

4.腮红

又称为胭脂，使用后会使面颊呈现健康红润的颜色。腮红是修饰脸型、美化肤色的有效化妆品，如图1-19和图1-20所示。

5.修容饼

又称为双修饼，顾名思义分为深色和浅色两个修饰的颜色。浅色的修容饼主要是修饰T字部位（额头、鼻梁、下巴和脸颊颧骨高处），对突出的部分进行提亮；深色的修容饼主要是修饰下颌骨、眼窝凹陷部位，达到脸部五官更加立体的效果，如图1-21和图1-22所示。

图1-17 粉状眼影

图1-18 膏状眼影

图1-19 腮红（一）

图1-20 腮红（二）

第二节 化妆品及其工具的介绍

图1-21　修容饼（一）

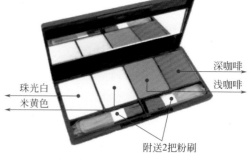

珠光白
米黄色
深咖啡
浅咖啡
附送2把粉刷

图1-22　修容饼（二）

6.唇彩、口红

　　唇彩和口红都是修饰唇部的化妆品，唇彩为黏稠液体或薄体膏状，富含各类高度滋润的油脂和闪光因子，所含蜡质及色彩颜料少。晶亮剔透，滋润轻薄；上色后使双唇湿润，立体感强；尤其在追求特殊妆扮效果时表现突出，但较易脱妆。唇膏就是最原始、最常见的口红，一般是固体，质地比唇彩要干和硬。唇膏色彩饱和度高，颜色遮盖力强，而且由于是固体一般不容易因唇纹过深而外溢，常用它来修饰唇形、唇色。在日常的化妆造型中需要用口红和唇彩共同来描画嘴唇，如图1-23和图1-24所示。

7.睫毛膏

　　睫毛膏作为修饰和涂抹睫毛的化妆品，目的在于使睫毛浓密、纤长、卷翘，以及加深睫毛的颜色。通常包含刷子以及可收纳刷子的管子两大部分，刷子本身有弯曲形也有直立形，睫毛膏的质地可分为霜状、液状与膏状。由于成分的改进与价格上的普及，以往重要场合才需要的刷睫毛步骤，现今渐次成为化妆的必要程序，如图1-25所示。

01号　02号　03号　04号　05号　06号

图1-23　唇彩

图1-24　口红

图1-25　睫毛膏

8.双眼皮贴

双眼皮贴是修饰和调整眼睛形状的有效手段之一。双眼皮贴共分为3种：透明双眼皮贴（特点是较薄，贴成后不易察觉、比较自然）、成型双眼皮贴、肉色双眼皮贴，如图1-26至图1-28所示。

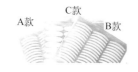

图1-26　透明双眼皮贴　　　图1-27　成型双眼皮贴　　　图1-28　肉色双眼皮贴

二、化妆工具介绍

1.套扫

套扫如图1-29所示。

图1-29　套扫

（1）垃圾扫　刷头呈扇形，可以将脸上所有部位的浮粉都扫干净，让整个妆面看起来更加干净。

（2）蜜粉刷　也称为散粉刷，是化妆刷中最大的一种毛刷，通常用来补充脸上的定妆粉，也多用于高光的处理，让面部凸出的部分更加有立体感。

（3）腮红刷　刷头呈斜状，主要用于腮红轮廓的描画，材质主要以马毛和羊毛的居多。

（4）侧影刷　刷头呈扁圆形，主要用来修饰脸部轮廓的暗影部分。

（5）眼影刷　刷头呈扁圆形，眼影刷大致分为大、中、小三个型号，大号眼影刷一般用于涂抹较大面积的眼影粉，中号眼影刷可以进行局部晕染和细致刻画眼部效果，小号眼影刷可以修饰眼部轮廓和勾勒明显的眼部线条和结构进行细部刻画。

（6）眉刷　刷头呈扁头斜状，主要用于蘸取眉粉等粉状的画眉材料，让眉毛更加立体和清晰。

（7）螺旋扫　刷头呈螺旋状，主要用于晕染眉毛的浓淡和刷掉眉毛上多余的眉粉。

（8）眼线刷　刷头呈细薄状，能够蘸取眼线粉和眼线膏对眼部进行细致的勾画。

（9）唇刷　主要用于精确地勾勒出嘴唇的形状，适用于整个唇线的勾勒和嘴唇颜色的刻画。

（10）双头刷　刷子由牙刷形的眉刷和睫毛梳两部分组成。主要用于眉毛的晕染和睫毛的梳理。

（11）粉底刷　刷头呈扁平状，主要用于大面积涂抹粉底液、粉底膏、遮瑕膏等，让底妆更贴合皮肤，更均匀自然一些。

图1-30　粉扑

2.粉扑

粉扑的作用主要有两个：蘸取定妆粉后轻轻地按压到面部起到定妆的效果；在整个化妆过程中套在小手指上，以免手出汗将妆面弄脏，如图1-30所示。

图1-31　海绵块

3.海绵块

也被称为化妆海绵，质地细腻，富有弹性，让粉底和皮肤充分地融合的一种工具。海绵块的形状多为三角形、圆形、方形、椭圆形等，平坦的一面可以用于基础色的涂抹，而尖的部位可以用于提亮色和阴影色的涂抹。海绵块可以在化妆后进行清洗，用温水清洗后在阴凉处晾干即可，如在化妆过程中出现掉渣现象则需要更换海绵块了，如图1-31所示。

图1-32　弯头剪

4.弯头剪

主要用于修剪眉毛、修剪假睫毛、修剪双眼皮贴等。应选择尖头、全钢质地、吻合性好的弯头剪刀，如图1-32所示。

5.镊子

镊子分为圆头和方头两种，主要用于假睫毛的粘贴、双眼皮贴的粘贴等细小的工作，图1-33为圆头镊子。

图1-33　圆头镊子

6.睫毛夹

睫毛夹主要是处理睫毛的工具，分为手动（图1-34）和电动（图1-35）两种。选择睫毛夹时应注意睫毛夹的弯曲度，每个人的眼睛弧度不同，需要使用不用弧度的睫毛夹。

图1-34　手动睫毛夹

7.假睫毛

在日常生活中大多数人是不戴假睫毛的，用睫毛膏来修饰睫毛就可以了，但有些场合和妆面就需要用假睫毛来修饰眼部。假睫毛可以分为交叉型、直线型、种植型，颜色也是多种多样，可以根据需要选择，如图1-36、图1-37所示。

图1-35　电动睫毛夹

图1-36　假睫毛种类（一）

图1-37　假睫毛种类（二）

8.睫毛胶

睫毛胶是粘贴假睫毛的一种胶水。因睫毛胶中含酒精，故有部分人对其过敏。目前已出现防过敏的睫毛胶，如图1-38所示。

基础化妆

9.眉笔、眉粉

眉笔和眉粉都是修饰眉毛的化妆工具。眉笔（图1-39）大多数是铅笔拉线式的；眉粉（图1-40）是用眉粉刷蘸点眉粉均匀地涂在眉毛上，由眉毛头向眉尾方向涂，用力要匀，用眉粉画眉比用眉笔画的看起来要自然些。

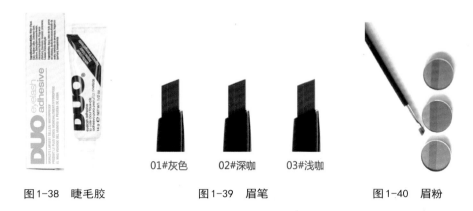

01#灰色　　02#深咖　　03#浅咖

图1-38　睫毛胶　　　　图1-39　眉笔　　　　图1-40　眉粉

10.眼线笔

眼线笔、眼线液、眼线膏都是修饰眼睛的化妆工具。眼线的描画作用主要是让双眼更具有立体感，配合眼影、睫毛膏的修饰特点共同修饰眼睛。下面具体介绍一下化眼线的工具和特点。

画眼线的工具：眼线笔、眼线液、眼线膏。

（1）眼线笔——铅笔（图1-41）

特点：操作简单，容易上色，但是很容易晕染，带妆时间短。

适用：平时化妆中最普通的眼妆及生活淡妆，线条较自然。

不适用：舞台创意化妆或者较为夸张的妆面效果。

（2）眼线液——钢笔（图1-42）

特点：操作容易掌握，不容易晕染，给人的感觉较为死板，带妆时间较长。

适用：较浓的妆面，需要线条粗细一致。

不适用：平时化妆中最普通的眼妆及生活淡妆。

（3）眼线膏——毛笔（图1-43）

特点：操作最难，可浓可淡，集眼线笔、眼线液的优势于一身，一般情况下不容易晕染。

适用：所有妆面都适用，尤其是影视化妆中最为常用，部分眼线膏不防水，遇到水容易晕染。

图1-41　眼线笔　　　　　图1-42　眼线液　　　　　　　　图1-43　眼线膏

11.棉棒

棉棒的作用主要是修饰局部尤其是眼部的细节，如图1-44所示。

12.化妆包、化妆箱

化妆包、化妆箱都是用来装化妆品的。化妆包更适合平时化妆中的个人携带，化妆箱更适合专业的化妆师携带，如图1-45、图1-46所示。

图1-44　棉棒　　　　　　图1-45　化妆包　　　　　　图1-46　化妆箱

13.修眉刀

修眉刀是用于修整眉毛形状的工具，一般修眉刀的刀片上有刀口保护，不容易划伤眉毛部分的皮肤，而普通刀片就没有这种保护措施了，如图1-47、图1-48所示。

图1-47　修眉刀　　　　　　　图1-48　刀片

第三节　化妆环境的了解

一、化妆间的准备

　　化妆间要配有标准的化妆台（图1-49），化妆台的正面要配有高度适中且清晰度高的镜子，台前摆放一把化妆椅，化妆台要具有照明设备（图1-50）。

图1-49　化妆台　　　　　　　　　　　　　　　图1-50　照明设备

二、化妆灯光的要求

　　化妆灯以选择稍偏黄的白炽灯为宜（图1-51），化妆灯要从化妆镜的四周正面照射在化妆对象的面部，这样才可以更清楚地看清化妆对象面部的整体轮廓。

图1-51　化妆灯

第二章
化妆设计中色彩基础知识

第一节　色彩的基本知识

一、色彩的分类

色彩一般可以分为有彩色、无彩色、中性色三大类；在色环中可以分为冷色、暖色两大类。

（一）有彩色、无彩色、中性色

1.有彩色

光谱中的全部色都属有彩色，以红色、橙色、黄色、绿色、青色、蓝色、紫色为基本色，基本色之间不同量的混合，以及基本色与黑色、白色、灰色（无彩色）之间不同量的混合，会产生成千上万种有彩色，如图2-1所示。

图2-1　有彩色

2.无彩色

指金色、银色、黑色、白色、灰色，没有任何色相感觉的色彩。当一种颜料混入白色后，会显得比较明亮；相反，混入黑色后就显得比较深暗；而加入黑色与白色混合的灰色时，则会推动原色彩的彩度，如图2-2所示。

3.中性色

有金属和矿物质的颜色，比如金色、银色、铜色等。在化妆造型中和服饰造型中能够起到画龙点睛的作用，如图2-3所示。

图2-2 无彩色

图2-3 中性色

（二）冷色、暖色

1.冷色

色环中蓝色、绿色、紫色等色使人感到寒冷，因此称为冷色。

2.暖色

由太阳颜色衍生出来的颜色有红色和黄色，给人以温暖柔和的感觉，色环中的红色、橙色、黄色等色使人感到温暖，因此称为暖色。

冷色与暖色，如图2-4所示。

（三）有彩色的演变

1.原色

指不能通过其他颜色的混合调配出

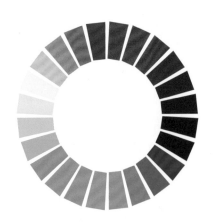

图2-4 冷色与暖色

来的基本色，如红色、黄色、蓝色，如图2-5所示。

2.间色

指两种原色等比例混合产生新的颜色，如红色＋黄色＝橙色、红色＋蓝色＝紫色、蓝色＋黄色＝绿色，如图2-6所示。

图2-5　原色

图2-6　间色

3.复色

两种或两种以上间色混合后产生新的颜色，称为复色，如图2-7所示。

图2-7　复色

二、色彩的基本特征

有彩色系的颜色具有三个基本特征：色相、纯度、明度。任何一个色彩（除无彩色只有明度的特例外），都有明度、色相和纯度三方面的性质，即任何一个色彩都有它特定的明度、色相和纯度。

1.色相

色相是色彩所呈现的质的面貌，是色彩彼此之间相互区别的标志。色相是色彩的首要特征，是区别各种不同色彩的最准确的标准。红色、橙色、黄色、绿色、蓝色、紫色等代表具体的色相，它们之间的差别就属于色相差别，如图2-8所示。

2.纯度（饱和度）

纯度是表示色质的名称，也称为饱和度，是指色彩的纯净程度，它表示颜色中所含有色成分的比例。当一种颜色掺入黑色、白色或别的颜色时，纯度就会发生变化，当掺入的颜色达到很大的比例时，在眼睛看来，原来的颜色便失去本来的色彩。色彩的纯度强弱，是指色相感觉明确或含糊、鲜艳或混浊的程度。高纯度色相加白色或黑色，可以提高或减弱其明度，但都会降低它们的纯度，如图2-9所示。

光谱中红色、橙色、黄色、绿色、蓝色、紫色等色光都是高纯度的色光。

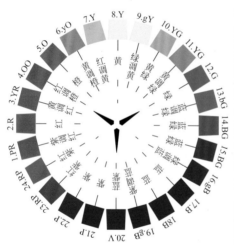

图2-8　色相

图2-9　纯度

3.明度

明度，是指色彩的明暗程度，主要是由光线强弱决定的一种视觉经验。各种有色物体由于其反射光量的区别而产生颜色的明暗强弱。明度是全部色彩都具有的属性，任何色彩都可以还原为明度关系来思考，它是色彩关系的骨架，而且有其自身的美学价值和表现魅力（素描、黑白照片、黑白电影等），明度关系可以说是搭配色彩的基础，明度最适于表现物体的立体感与空间感。没有明暗关系的构成，色彩会失去分量而显得苍白无力，只有介入明度变化的色彩才能展现出色彩的视觉冲击力和丰富的层次变化。无彩色中，最高明度为白色，最低明度为黑色，灰色居中，如图2-10所示。

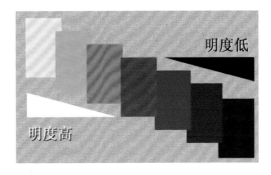

图2-10　明度

三、色彩的感觉

当看到色彩时，除了会感觉其物理方面的影响，心里也会立即产生感觉，人们称之为印象，也就是色彩感觉。

色彩的表情在更多的情况下是通过对比来表达的，有时色彩的对比五彩斑斓、耀眼夺目，显得华丽；有时对比在纯度上含蓄、明度上稳重，又显得朴实无华。创造什么样的色彩才能表达所需要的感情，完全依赖于自己的感觉、经验以及想象力，没有什么固定的格式。

1.红色

红色是光谱中波长最长的色光，也就是说它的色彩表情最丰富。红色是太阳、火、血的色彩，象征着革命、喜庆、幸福、希望、吉利。红色会让人感到温暖、热情、兴奋、活泼，是强有力的色彩，除了具有较佳的明视效果之外，更被用来传达有活力、积极、热诚、温暖、前进等含义的企业形象与精神。红色是热烈、冲动的色彩，对人刺激性很强，因此又象征野蛮、恐怖、卑鄙和危险。红色是一个有强烈而复杂的心理作用的色彩，一定要慎重使用。另外，红色易引起人的注意，也常被用来作为警告、危险、禁止、防火等标示用色，人们在一些场合或物品上，看到红色标示时，常不必仔细看内容，就能了解警告危险之意，如图2-11所示。

图2-11　红色

2.黄色

黄色是亮度最高的色，在高明度下能够保持很强的纯度。一方面，黄色灿烂、辉煌，有太阳般的光辉，象征照亮黑暗的智慧之光，金色的光芒，象征着财富和权力，是骄傲的色彩；具有光明、希望的含义，给人以辉煌、灿烂、柔和、崇高、神秘、威严超然的感觉。另一方面，它具有冷漠、高傲、敏感及具有扩张和不安宁的视觉印象。黄色明视度高，是警告危险色，常用来警告危险或提醒注意，如交通标志上的黄灯，工程用的大型机器，学生用雨衣、雨鞋等，都使用黄色，如图2-12所示。

3.蓝色

在可见光谱中，蓝色光的波长短于绿色光，但比紫色光略长些，穿透空气时形成的折射角度大，在空气中辐射的直线距离短。它是最冷的色，但并不代表感情上的冷漠，只代表一种平静、理智与纯净。蓝色色感冷静，性格朴实而内向，是博大的色彩，天空和大海等最辽阔的景色都呈蔚蓝色，是一种有助于人头脑冷静的色，也是永恒的象征。另外，蓝色也代表忧郁，它还是一种在淡化后仍能保持较强个性的色。若在蓝色中分别加入少量的红色、黄色、黑色、橙色、白色等色，均不会对蓝色的性格构成较明显的影响力，如图2-13所示。

图2-12　黄色　　　　　　　　　　　图2-13　蓝色

4.橙色

橙色明视度高，波长仅次于红色，因此它也具有长波长的特征：使脉搏加速，有温度升高的感受。活泼的光辉色彩，使它成为暖色系中最温暖的色彩，使我们联想到金秋、丰硕的果实，是一种富足的、快乐而幸福的色彩。因其具有明亮、华丽、健康、兴奋、温暖、欢乐、辉煌，以及容易动人的色感，所以妇女们喜以此色作为装饰色。在安全用色中，是警戒色，如登山服装、救生衣等，这种状况尤其容易发生在服饰配色上。由于它代表着力量、智慧、震撼、光辉、知识，橙色也被奉成神圣的颜色。橙色也和敏感、同情、助人、不确定和天真有关，如图2-14所示。

5.绿色

太阳投射到地球的光线中绿色光占50%以上，由于绿色光在可见光谱中波长恰居中位，色光的感应处于"中庸之道"，因此人的视觉对绿色光波长的微差分辨能力最强，也最能适应绿色光的刺激，所以人们把绿色作为和平的象征、生命的象征。绿色使人感觉宽容、大度，具有黄色和蓝色两种成分的色，如图2-15所示。

图2-14　橙色

图2-15　绿色

6.紫色

紫色的明度在有彩色的色料中是最低的。波长最短的可见光是紫色波。标准的紫色很难确定，红色加少许蓝色或蓝色加少许红色都会明显呈紫色。紫色的低明度给人一种沉闷、神秘的感觉，是非知觉的色，给人印象深刻，有时给人以压迫感，通常会用紫色表现混乱、死亡和兴奋，用蓝紫色表现孤独与献身，是象征虔诚的色相。将其淡化，明度得到明显的提高，紫色又富有鼓舞性，具有强烈的女性化性格，会呈现出优雅、可爱的女性化意味，通常用红紫色表现神圣的爱和精神的统辖领域。紫色是大自然中比较稀少的颜色，具有高贵、优雅、神秘、华丽、娇丽的性格，如图2-16所示。

图2-16　紫色

7.黑色

黑色与白色是对色彩的最后抽象，代表色彩世界的阴极和阳极。黑色即无光无色之色。太极图案就是用黑白两色的循环形式来表现宇宙永恒的运动。黑白所具有的抽象表现力以及神秘感，似乎能超越任何色彩的深度。黑白两色是极端对立的色，然而有时候又令我们感到它们之间有着令人难以言状的共性，如图2-17所示。

8.白色

白色是全部可见光均匀混合而成的，称为全色光，是光明的象征色，性格朴实、纯洁、快乐，具有圣洁的不容侵犯性。白色中加入其他任何色，都会影响其纯洁性，使其性格变得含蓄。在服饰用色上，白色是永远流行的主要色，可和任何颜色作搭配。白色明亮、干净、畅快、朴素、雅致与贞洁。但它没有强烈的个性，不能引起味觉的联想，但引起食欲的色中不应没有白色，因为它表示清洁可口，只是单一的白色不会引起食欲而已。白色明度最高，能与具有强烈个性的色彩相配。在东方，把白色作为丧色，但是在西方，特别是欧美国家，白色代表着纯洁和神圣，是结婚礼服的颜色，表示爱情的纯洁与坚贞，如图2-18所示。

图2-17　黑色

图2-18　白色

9.灰色

灰色，原意是灰尘的色。从光学上看，它居于白色与黑色之间，属无彩色，是黑白的中间色，浅灰色的性格类似白色，深灰色的性格接近黑色，为中等明度，属无彩度及低彩度的色彩。灰色与含灰色数量极大，变化极丰富。灰色是复杂的色，漂亮的灰色常常要用优质原料精心配制才能生产出来，而且需要有较高文化艺术知识与审美能力的人，才乐于欣赏。因此，灰色也能给人以高雅、精致、含蓄、耐人寻味的印象。在色彩世界中，灰色是最被动的色彩，彻底的中性色，依靠邻近的色彩获得生命，灰色一旦靠近鲜艳的暖色，就会显出冷静的品格；若靠近冷色，则变为温和的暖灰色。灰色意味着一切色彩对比的消失，是视觉上最安稳的休息点，如图2-19所示。

10.中性色

中性色是质地坚实，反光能力很强的物体色。主要指金、银、铜、铬、铝、电木、塑料、有机玻璃，以及彩色玻璃的色。这些色在适宜的角度反光敏锐，会感到它们的亮度很高，如果角度一变，又会感到亮度很低。金、银等属于贵重金属的色，也称光泽色，给人以辉煌、高级、珍贵、华丽、活跃的印象。电木、塑料、有机玻璃、电化铝等是近代工业技术的产物，容易给人以时髦、讲究、有现代感的印象，如图2-20所示。

图2-19　灰色　　　　　　　　图2-20　中性色

四、色彩的搭配

色彩搭配是在改革开放以后才传入我国的，对促进衣食住行各类商品的新型营销，提高城市与建筑的色彩规划水平，以及改善全社会的视觉环境都起到了重要的推动作用。如今，在发达国家专业的色彩搭配设计师活跃在各种时尚领域，如服装设计领域、化妆造型领域等。

1.色调配色

指具有某种相同性质（冷暖调、明度、艳度）的色彩搭配在一起，色相越全越好，最少也要3种色相以上。比如，同等明度的红色、黄色、蓝色搭配在一起。大自然的彩虹色的应用就是很好的色调配色，如图2-21所示。

2.色相配色

（1）**同一色相配色**　所谓同一色相配色，即指相同的颜色在一起的搭配，比如红色的裙装、红色的帽子搭配红色的妆容，这样的配色方法就是同一色相配色法，如图2-22所示。

（2）**类似色相配色**　所谓类似色相配色，即色相环中类似或相邻的两个或两个以上的色彩搭配。例如：红色、粉色的组合（图2-23）；紫色、紫红色、紫蓝色的组合等都是类似色相配色。类似色相配色在大自然中出现得特别多，有嫩绿、鲜绿、黄绿、墨绿等，这些都是类似色相的自然造化。

图2-21　色调配色　　　　　　图2-22　同一色相配色　　　　图2-23　类似色相配色

（3）**多色配色**　在色相对比中，除了两色对比，还有三色、四色、五色、六色、八色等更多色的对比。在色环中成等边三角形或等腰三角形的三个色相搭配在一起时，称为三角配色。运用三角配色最成功的是荷兰画家蒙德里安的抽象画（图2-24）。四角配色常见的有红色、黄色、蓝色、绿色及红色、橙色、黄色、绿色、蓝色、紫色等色。这几种配色在我国传统民间工艺中经常使用，如风筝、刺绣、剪纸、皮影、年画等（图2-25）。以色相为主的多色配色可以说是中国传统配色的特殊风格。

3.近似配色

选择相邻或相近的色相进行搭配。这种配色因为含有三原色中某一共同的颜色，所以很协调。因为色相接近，所以也比较稳定，如果是单一色相的浓淡搭配则称为同色系配色。出彩搭配包括：紫色配绿色，紫色配橙色，绿色配蓝色，见图2-26。

图2-24　三角配色　　　　图2-25　年画　　　　图2-26　近似配色

4.渐进配色

按色相、明度、艳度三要素之一的程度高低依次排列颜色。特点是即使色调沉稳，也很醒目，尤其是色相和明度的渐进配色。彩虹色既是色调配色，也属于渐进配色，如图2-27所示。

5.对比配色

用色相、明度或艳度的反差进行搭配，有鲜明的强弱。其中，明度的对比给人明快清晰的印象，可以说只要有明度上的对比，配色就不会太失败。比如，红色配绿色，黄色配紫色，蓝色配橙色，如图2-28所示。

图2-27　渐进配色　　　　　　图2-28　对比配色

第一节　色彩的基本知识

第二节　化妆造型中常用的色彩搭配

一、无彩色搭配

　　无彩色配色即黑色、白色、灰色之间的配色，无彩色配色是比较常见的色彩配色之一，眼妆与整个服饰的配色就是非常典型的无彩色配色（图2-29），神秘时尚又具有活泼感。黑色、灰色眼妆打造眼部深邃感与冷酷感（图2-30）。

图2-29　无彩色配色　　　　　　　　　　图2-30　黑色、灰色眼妆

二、无彩色与有彩色搭配

　　无彩色与有彩色搭配也是非常常用的搭配方法之一，百搭性极强，可以塑造出不同风格的造型。图2-31黑色眼妆与暗色唇妆的搭配塑造出时下流行的复古妆容。图2-32黑色眼妆中加入金色，与橙色腮红、裸色唇妆，打造出非常酷的摇滚风格。

三、同类色搭配

　　所谓同类色搭配：是指同一类深浅、明暗不同的两种颜色相配。比如蓝色的服装、搭配蓝色的配饰、搭配蓝色的妆容，这样的搭配方法就是同类色搭配。图2-33整个妆容采用裸色系列，强调自然、干净、丰盈的感觉。图2-34的妆容采用红色系列，红唇与红色服装搭配，更加强调妆面与环境的和谐。

图2-31　复古妆容

图2-32　摇滚风格

图2-33　同类色搭配（一）

图2-34　同类色搭配（二）

第二节　化妆造型中常用的色彩搭配

四、邻近色搭配

所谓邻近色搭配：是指色环上相邻、相近的两种颜色进行搭配。邻近色搭配给人舒适平缓的感觉。比如橙色和黄色的搭配，橙色中具有黄色的成分，黄色也与橙色临近。图2-35妆面中的绿色与黄色眼影及黄色与橙色眼影（腮红）就是一组邻近色配色，黄绿搭配充分体现出生命力、活力与青春。这个妆面橙色的眼影与腮红形成一体，结合黄绿眼影，表现出青涩、害羞、青春之感。图2-36中红色与橙色、绿色搭配。黄色、橙色也是一组邻近色配色，稳定又不失活泼感。

图2-35　邻近色搭配（一）

图2-36　邻近色搭配（二）

五、对比色搭配

　　所谓对比色搭配：是指两种可以明显区分的色彩。主要包括色相对比、明度对比、饱和度对比、冷暖对比、补色对比等。比如：红色配绿色、黄色配紫色、蓝色配橙色。图2-37采用的是对比配色，眼妆的蓝色与唇妆的红色形成强烈的对比。图2-38则是眼妆的蓝绿色与腮红的粉色形成对比色，重点突出，时尚又充满活力，似一个精灵。

图2-37　对比配色（一）

图2-38　对比配色（二）

六、冷暖搭配

冷暖配色利用彩色的冷暖对比，具有鲜明的强弱感。如黄色与蓝色、绿色与红色、黄色与绿色等，图2-39中眼妆红色与黄色是暖色，而唇妆与指甲的颜色是冷色，产生了冷暖对比，使简约的妆面更加丰富。图2-40中黄色与绿色的眼妆融合在一起，睫毛的颜色与眼部眼影的颜色呼应，非常和谐统一。

图2-39 冷暖搭配（一）

图2-40 冷暖搭配（二）

第三章
局部化妆技巧与化妆程序

第一节　局部化妆技巧

一、肤色的修饰

肤色修饰在化妆造型中起到十分关键的作用。每个人的面部都有色调的偏差，尤其是东方人的皮肤偏黄、面部结构扁平、缺乏立体感等种种问题，可以通过肤色的修饰来调整与改变。

（一）粉底的作用

1.遮盖皮肤上的瑕疵

粉底具有一定的遮盖能力，可以修饰皮肤上的雀斑、痘印等问题，还可以改善黑眼圈等皮肤问题。

2.调整不健康、不均匀的肤色

皮肤会受到风吹、日晒、氧化等问题的困扰，造成皮肤的不健康；皮肤的鼻翼两侧、嘴角、眼底等位置皮肤颜色较深，形成不均匀的皮肤颜色。为了调整皮肤不健康、不均匀的肤色需要用粉底进行修饰。

3.让脸部更容易上色

面部需要各种颜色：眼影的颜色、腮红的颜色、口红的颜色等，都需要保证脸部更容易上色。

4.强调面部的立体感

面部需要强调立体的效果，需要不同部位的凹陷和凸出，需要用粉底的不

同颜色来让面部更加具有立体感。

（二）粉底的常用底色

人的面部五官是呈立体构造的，面部凸凹感的变化让我们可以通过不同色调的粉底来加以表现。由于光源的变化，面部的立体感也会产生不同程度的变化，在面部肤色修饰上，不同的部位需要选择不同色调的粉底进行人五官的刻画。粉底的常用底色主要有：基础色、高光色、阴影色三种色调。

1.基础色

主要起到统一皮肤颜色的作用。人们面部颜色难免深浅不同，如嘴角、眼底、鼻翼两侧呈现暗色等，需要用基础色将所有皮肤的颜色进行统一，让我们的皮肤看起来更加具有光泽感。在选择基础色时，应考虑灯光、场合等要求，一般在舞台上需要选择比自己肤色白一号的基础色。

2.高光色

高光色主要的作用是凸显面部鼻梁、前额、脸颊、下颏等部位，增加面部立体感。高光色的选择可以比基础色白2～3个号码。

3.阴影色

阴影色主要的作用是利用色彩的变化让扁平的面部结构增加收缩和凹陷，如：眼窝、两侧的下颌骨处。阴影色的选择可以比基础色暗3～4个号码。

（三）粉底的涂抹方法

粉底可以借助手指和工具进行涂抹。运用手指涂抹深入细小的部位，如：鼻翼两侧、眼角、嘴角等海绵块无法细腻深入的部位；运用海绵块可以大面积地让粉底和皮肤结合，而且涂抹速度较快，涂抹均匀。在涂抹粉底前应当区分化妆者的皮肤类型，选择不同的涂抹手法。

1.平涂法

运用海绵块在面部来回涂抹，粉底的附着力较弱，不能够完全被皮肤吸收，适用于匀开粉底将粉底薄打的效果。

2.点拍法

对皮肤进行一点点的拍打，此种方法适用于涂抹粉底，让粉底的附着力更强，更加贴合皮肤。在妆面需要粉底较厚时可以采用此种方法，也可以用于提亮局部和遮盖瑕疵。

3.按压法

此种方法在化妆中最为常见，利用手中的海绵块使粉底涂抹均匀，效果自然。

其实以上三种方法不是孤立存在的，而是需要相互结合来使用，其主要目的是让面部的底色更加贴合、自然、柔和。

二、眉毛的修饰

眉飞色舞、眉来眼去等词语都是用来形容眉毛特殊表情的，可见眉毛在面部结构中占有很重要的位置。眉毛的形状在很大程度上反映了流行与时尚前进的脚步：从细细的柳叶弯眉到粗粗的直眉，一直到现在回归自然的眉形，都让我们感受到时尚在变化。眉毛一直起着调整五官比例、矫正脸型、强调面部立体感的重要作用。让我们首先来观察一下自己的眉毛吧！

1.眉毛的生理结构

眉毛的生理结构如图3-1所示。

眉毛在眼眶的内上角，沿着眶上缘至外上角靠近鼻部内侧称为眉头，外侧称为眉尾或眉梢，眉毛呈直线略微有些弧度，弧状最高点称为眉峰，眉头与眉峰之间的部分称为眉腰，眉腰也是眉毛颜色最深的部分。

2.眉形的确定

眉形的确定如图3-2所示。

眉头：鼻翼、内眼角、眉头成一条直线。

眉峰：整个眉毛的后三分之一处；眼睛直视前方黑眼仁外侧向上的延长线也可以找到眉峰。

眉尾：嘴角、外眼角、眉尾成一条直线。

眉毛的自然生长方向是：眉头呈扇形生长，眉腰呈斜向上方生长，眉峰到眉尾呈下降趋势。眉毛的浓淡与

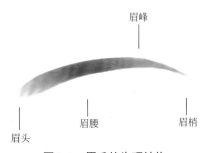

图3-1　眉毛的生理结构

图3-2　眉形的确定

形态与人的种族、年龄、性别、遗传等因素相关，同时也影响着人的脸型和相貌。通过对眉毛的调整可以起到调整脸型与五官的作用。

3. 修眉的方法

修眉的方法如图3-3所示。

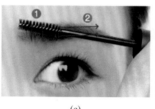

(a)   (b)   (c)   (d)

图3-3　修眉的方法

① 根据脸型、五官比例等因素确定眉毛的长度、宽度和位置关系。初次修眉也可以将需要的形状用眉笔描画出来，没有描画到的地方就可以放心地修掉了。

② 选择修眉工具（眉刀）进行眉毛的修整。

③ 用剪刀对整理好形状的眉毛进行长短的修剪。

④ 用眉刷将眉毛整理干净，调整左右眉毛的一致性。

4. 画眉的步骤

画眉的步骤如图3-4所示。

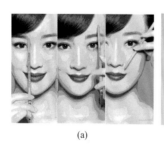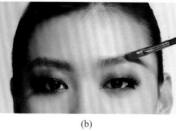

(a)   (b)   (c)

图3-4　画眉的步骤

① 确定眉头、眉峰、眉尾的位置，进行三点一线的连接，如图3-4（a）所示。

② 从眉腰位置开始描画，顺着眉毛生长的方向，将眉毛的上下轮廓线位

置确定，并在轮廓线内依次填充咖啡色、灰色、黑色等颜色，并进行眉毛立体感的描画，如图3-4（b）所示。

③ 用螺旋扫顺着眉毛的生长方向进行反复晕染，让眉毛更加自然，控制眉头的长短和浓淡，调整眉毛的颜色、粗细、长短和对称等，如图3-4（c）所示。

5.常见的眉形

（1）**粗眉**　指眉形自然并且凌乱，没有进行太多的修饰，略显粗犷、随性，如图3-5所示。

图3-5　粗眉

（2）**倒挂眉**　指眉形呈现八字状，也称八字眉，眉头略低于眉尾，略显悲观、气馁，如图3-6所示。

图3-6　倒挂眉

（3）**棱角眉**　指眉形在眉峰处呈现明显角度，眉宇间显示一种英气，体现女性独立自主的个性，如图3-7所示。

图3-7　棱角眉

（4）**柳叶眉** 指眉形秀美且纤细，眉毛呈现的弧度柔和，显示女性柔美的一面，如图3-8所示。

图3-8 柳叶眉

（5）**平眉** 指眉形中眉头、眉峰、眉尾的位置基本在一条斜线上，略显自然干净整齐的效果，充满中性气质，如图3-9所示。

图3-9 平眉

（6）**挑眉** 指眉形中眉峰略微高挑，能够突出眉眼之间的距离，略显女性冷艳高贵，如图3-10所示。

图3-10 挑眉

（7）**弯眉** 指眉形中眉头略低、眉尾较高的一种形式，眉峰弧度弯曲，略显女性的妖娆魅力，如图3-11所示。

图3-11 弯眉

（8）**直眉**　指眉头、眉峰、眉尾基本在一条线，眉尾略微上扬，略显女性刚强的性格特征，如图3-12所示。

图3-12　直眉

三、眼睛的修饰

（一）眼睛的生理结构

眼睛的生理结构如图3-13所示。

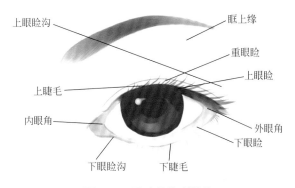

图3-13　眼睛的生理结构

（二）美目贴的修饰

美目贴也称为双眼皮贴，是矫正眼睑宽度和眼睛形状的化妆用品。

1.美目贴的修剪

① 将成卷的美目贴套到左手的手指上，将美目贴拉出贴在小手指上。

② 用剪刀在美目贴内侧剪出需要的形状和弧度。

③ 用镊子夹美目贴下方，粘贴到合适的位置。

2.美目贴的粘贴方法

美目贴的粘贴方法如图3-14所示。

(a)　　　　　　(b)　　　　　　(c)　　　　　　(d)

图3-14　美目贴的粘贴方法

① 美目贴粘贴的位置为双眼皮褶皱线的上方，可提高褶皱线的高度。

② 没有褶皱线的单眼皮，剪好的美目贴下方应高于睫毛根部的位置。

③ 粘贴好双眼皮贴后，让模特睁开眼睛，观察双眼皮的大小。

④ 调整双眼皮贴的高度，让模特眼睛的双眼皮更加明显。

（三）眼线的修饰

1.眼线的作用

① 让眼睛轮廓变得更加清晰、有神韵。

② 调整眼睛形状。

③ 调整两眼间的距离。

2.眼线的位置

眼线的位置如图3-15所示。

① 上眼线：需要在靠近睫毛根部的位置，由内向外，画至外眼角1/4处。

② 下眼线：需要在靠近睫毛根部的位置，由外向内，画至外眼角1/3处。

图3-15　眼线的位置

（四）眼影的画法

1.水平晕染法

以上眼睑睫毛根部，为眼影的色重点，依此向上水平过渡，晕染出半弧状的影，颜色渐变的面积控制在框上缘的下边缘，如图3-16所示。

(a)　　　　　　　　　　(b)

图3-16　水平晕染法

2.假双

画出眼睑沟（眉笔、眉粉），眼睑沟以下涂浅色，眼睑沟以上再由深至浅渐层晕染，如图3-17所示。

(a)　　　　　　　　　　(b)

图3-17　假双

3.横向段式

段式1　两段式指由两种颜色组成，可使用相近色、搭配色等，但要掌握两种颜色搭配时，较深、较暗的颜色在后，较浅、较亮的颜色在前，两种颜色过渡协调，如图3-18所示。

(a)　　　　　　　　　　(b)

图3-18　两段式

段式2　三段式又称鸡尾酒描绘方法，将眼部分为三个垂直部分，中间较亮，两头较深，自然衔接过渡，如图3-19所示。

基础化妆

(a) (b)

图3-19 三段式

4.横向（大三角）

（1）欧式　眼尾外侧与眼皮沟上深色，形成〈 〉形状，其他部位不上色或浅色，如图3-20所示。

(a) (b)

图3-20 欧式

（2）小三角　在外眼角睫毛根部处斜向上方与上眼皮最高处形成小三角，如图3-21所示。

(a) (b)

图3-21 小三角

（五）睫毛的修饰

睫毛起到保护眼睛的作用，如遮光，防止灰尘、异物、汗水进入眼内等，是眼睛的安全防线。任何外界物在接近眼睛时，首先会碰到睫毛，人会形成反射立即闭眼，保护眼球不受外来的侵犯。翘楚、弯曲、浓密且富有活力的睫毛能强调眼睛的轮廓，增强眼部神韵，对眼睛的修饰有着重要的作用。

1.夹睫毛的方法

眼睛向下看，睫毛夹要放到接近睫毛根部的位置，夹时不要用力过大，以免睫毛被夹断，上睫毛需要分为根部、中间、梢部三个部分夹。

2.睫毛膏的涂抹方法

先用睫毛刷左右移动着涂刷，然后从睫毛根部向着睫毛尖端涂刷，涂睫毛膏时注意使睫毛向上弯卷。涂刷下睫毛时，用刷头纵向涂抹会更方便。

3.粘贴假睫毛的步骤

粘贴假睫毛的步骤如图3-22所示。

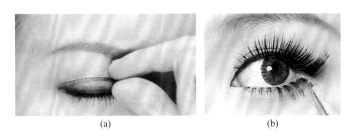

(a)   (b)

图3-22　粘贴假睫毛的方法

① 将假睫毛从盒子中取出，根据睫毛的长度对假睫毛进行修剪。
② 用镊子夹起睫毛梢，在睫毛根部涂抹上睫毛胶后，晾一下。
③ 将涂抹了胶水的假睫毛粘贴在睫毛根部，调整好睫毛的卷翘程度。
④ 睁开眼睛，调整假睫毛和真睫毛的结合和卷翘程度。
⑤ 真假睫毛结合后，涂抹睫毛膏。

四、嘴唇的修饰

1.嘴唇的生理结构

嘴唇的生理结构如图3-23所示。

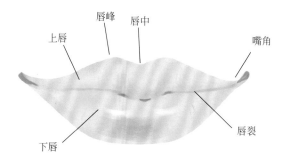

图3-23　嘴唇的生理结构

基础化妆

2.嘴唇的涂画步骤

嘴唇的画法如图3-24所示。

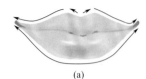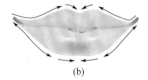

(a)　　　　　　　　　　(b)

图3-24　嘴唇的画法

① 唇形设计。根据五官比例确定理想的唇形。
② 颜色确定。根据脸色等因素确定嘴唇的颜色。
③ 轮廓确定。根据脸型等因素用唇线笔来确定嘴唇轮廓的位置。
④ 涂口红和高光。确定后在选定的区域内涂上口红和高光。

图3-25　面颊的生理特征

五、腮红的修饰

1.面颊的生理特征

位于脸颊的两侧，处于上颌骨和下颌骨的交界处，是骨骼突起的地方。颧弓与面颊的弧度由于地域、遗传、人种、性别等原因，有所差别，如图3-25所示。

2.不同脸形腮红的位置

不同脸型腮红的位置，如图3-26所示。

(a) 标准脸　　　(b) 方脸形　　　(c) 倒三角形脸

(d) 正三角形脸　(e) 圆形脸　(f) 菱形脸　(g) 长脸形

图3-26　不同脸型腮红的位置

第二节　妆前准备及化妆程序

一、化妆前的准备

1.化妆工具的准备

化妆工具的准备如图3-27所示。

2.化妆台的清理和工具的摆放

化妆台的清理和工具的摆放如图3-28所示。

图3-27　化妆工具的准备

图3-28　化妆台的清理和工具的摆放

3.化妆灯光的调整

化妆灯光的调整如图3-29所示。

4.其他化妆准备工作

① 与模特的沟通。

② 运用发卡发带将模特的脸露出。

③ 给模特胸前围围布。

④ 消毒双手。

图3-29　化妆灯光的调整

二、化妆的基本程序

1.洁肤

清洁皮肤是化妆的第一步。洁肤，可使皮肤处于洁净清爽的状态，令妆面自然，不易脱妆。洁肤一般包括两部分，即卸妆和清洁。对化过妆的面部要先卸妆再清洁，对没有妆的面部可直接进行清洁。如图3-30所示。

图3-30　洁肤

（1）**卸妆**　使用卸妆油（乳、水）、眼部卸妆液。

（2）**清洁**

① 干洗：洁面乳－纸巾－棉片＋化妆水（二次清洁）。

② 水洗：泡沫制洁面乳－清水冲洗－棉片＋化妆水爽肤。

2.修眉

在清洁干净的皮肤上修眉，特别是拔眉时，可避免细菌入侵皮肤而造成伤害。清洁后的皮肤清爽且没有涂抹任何化妆品，这也为修眉提供了便利条件，

因为修眉时，难免会有眉毛掉落在眼周和面颊等部位，修眉后要用棉片将其擦掉，如果此时面部已涂抹了化妆品，会将其与掉落的眉毛一同擦掉，从而影响了化妆的整体效果。可见，将修眉安排在洁肤之后和其他化妆步骤之前是有一定道理的。修眉如图3-31所示。

图3-31　修眉

3.润肤

润肤是指通过使用化妆水和润肤霜来滋润和保护皮肤。化妆前的润肤主要有两个目的：一是

润肤后的皮肤容易上妆并且不易脱妆；二是润肤霜可在皮肤表层形成保护膜，将皮肤与化妆品隔开，从而达到保护皮肤的目的。在润肤时要注意，化妆水的使用要充足，这样可以使皮肤得到充分的滋润。润肤霜要具有隔离作用，才能达到保护皮肤的目的。正确的顺序为：面霜—隔离—防晒—肤色修颜液，如图3-32所示。

图3-32 润肤

4.涂抹粉底

涂抹粉底是通过海绵块和粉底刷等工具来进行面部颜色的改变。通过粉底来调整皮肤的颜色，掩盖粗大毛孔，让皮肤看起来更加均匀、细腻，如图3-33所示。

5.定妆

定妆起到固定底色和柔和面部的作用，保证皮肤的光滑度，让妆面保持干净和持久，如图3-34所示。

6.画眉

眉色自然柔和，眉形适合模特气质，线条流畅、自然、对称，通过眉粉的描画增加眉毛的自然感，再加以眉笔的勾勒增加眉毛的线条感和层次感，如图3-35所示。

图3-33 涂抹粉底

图3-34 定妆

图3-35 画眉

图3-36　眼影

图3-37　眼线笔

图3-38　涂抹腮红

7.晕染眼影

眼影是通过色彩来修饰和美化眼睛。眼影所用的色彩要与整体面部的色彩协调，也要与肤色协调统一，通过眼影色可以为整个妆面色彩定调子，如图3-36所示。

8.描画眼线

画眼线和画眼影同样是美化眼睛的重要手法，可以起到增加眼睛神度、改变眼睛形状的作用，画眼线要在画眼影后，这样可以保持眼线的清晰和干净，如图3-37所示。

9.涂抹腮红

根据眼影的色彩来确定腮红的颜色。腮红可以起到修饰脸形和改变面色的作用，如图3-38所示。

10.画唇

在眼影和腮红都涂抹完成后，唇的颜色就比较好确定了。一般来说唇膏的颜色要比腮红的颜色深，并与眼影的颜色相协调，唇形要干净工整、轮廓清晰、颜色均匀、色彩饱满。唇线笔有勾勒唇部轮廓和防止唇膏外溢的作用。唇膏有改变唇色，唇彩有增加唇部光亮感和立体感的作用，如图3-39所示。

11.处理睫毛

如果是日常妆可以直接夹翘真睫毛，涂抹睫毛膏。艺术化妆根据妆面的特点选择和粘贴假睫毛，涂抹睫毛膏，做到真假睫毛衔接自然，自然上翘，如图3-40所示。

图3-39　画唇　　　　　　图3-40　处理睫毛

12.检查妆面

① 妆面有无缺漏或不足的地方，是否整齐、干净。
② 妆面各部分的晕染是否有明显界限。
③ 眉毛、眼线、唇线及鼻影的描画是否左右对称，浓淡平衡，粗细一致。
④ 眼影色的搭配是否协调，过渡是否自然柔和。
⑤ 唇膏的涂抹是否规整，有无外溢或残缺。
⑥ 腮红的外形和深浅是否一致。

另外，如果化妆对象带妆时间较长，可在全面检查之后再用蜜粉重新固定，以保证妆面的持久性，如图3-41所示。

13.整体造型

根据模特气质和造型特点搭配服装、首饰、配饰、发型，提升模特整体气质，如图3-42所示。

(a)

(b)

图3-41　检查妆面

图3-42　整体造型

第四章
面部及五官矫正化妆

第一节　脸形矫正

一、矫正化妆

　　矫正化妆主要是通过化妆技巧、发型、服装颜色和款式、服饰搭配等手段来平衡人物面部及其整体的造型。每一个人都有对称的五官，但是仔细观察会发现每个人的五官都会有细小的差别，我们可以通过化妆技术手段进行对称的调整；三庭五眼的标准不是每一个人都符合的，但是从视觉层面上说，我们需要运用化妆造型的各种手段进行三庭五眼的调整。

二、脸形的矫正方法

图4-1　圆形脸的矫正方法

1.圆形脸

　　矫正方法，如图4-1所示。

　　① 脸形修饰。通过阴影色和提亮色从视觉上对脸部进行拉长和变窄的修正。

　　② 眉毛修饰。适合上挑的眉毛，增加眉眼间距离来拉长脸形。

　　③ 眼部修饰。加重眼部轮廓的刻画，适当运用眼影和眼线的长度来拉长眼睛的效果。

　　④ 鼻部修饰。运用阴影色和提亮色来增加鼻部的立体感。

　　⑤ 面颊修饰。运用腮红和侧影强调面部

的结构和立体感。

⑥ 唇部修饰。唇形可以略带棱角，让圆润的唇部具有立体感。

⑦ 发型修饰。增加头发的整体高度或者直接用头发遮住圆形的轮廓线，拉长视觉效果进行圆形脸的修饰。

2.方形脸

矫正方法，如图4-2所示。

① 脸形修饰。通过阴影色和提亮色从视觉上削弱宽大的额头和两腮，让面部柔和圆润。

② 眉毛修饰。适合弧形的眉毛，眉梢不宜拉长，削弱脸形的棱角感。

③ 眼部修饰。加重眼部轮廓的刻画，适当运用眼影和眼线让眼睛呈现圆润的效果。

④ 鼻部修饰。运用阴影色和提亮色让鼻子看起来高耸挺拔，适当加宽。

⑤ 面颊修饰。运用腮红和侧影强调面部的圆润感和收缩感。

⑥ 唇部修饰。唇形可以略显圆润具有收缩感。

⑦ 发型修饰。大波浪的发型比较适合方形脸，但不可尝试细小、卷曲的发型。

图4-2　方形脸的矫正方法

3.长形脸

矫正方法，如图4-3所示。

① 脸形修饰。通过阴影色缩短下巴、通过提亮色从视觉上横向拉长脸部效果，颜色过渡要自然一些。

② 眉毛修饰。适合平直而略长的眉毛，眉毛可略粗但不宜过细，具有拉宽脸形的效果。

③ 眼部修饰。加重眼部轮廓的刻画，适当运用眼影和眼线让眼睛呈现拉长的效果。

④ 鼻部修饰。长脸形的人不适合强调鼻影，强调后会加长脸形的。

⑤ 面颊修饰。运用腮红进行横向晕染，丰满面颊，缩短脸部长度。

⑥ 唇部修饰。唇部勾勒适当向外，唇形宜圆润饱满。

⑦ 发型修饰。蓬松的齐眉刘海比较适合长形脸，且不可尝试增加发型高度。

4.正三角形脸

矫正方法，如图4-4所示。

① 脸形修饰。通过阴影色收缩两颊，通过提亮色从视觉上增加额头的宽度，颜色过渡要自然一些。

② 眉毛修饰。适合具有曲线感的眉毛，眉毛可略细和稍长但不能下垂，具有修饰脸形的效果。

③ 眼部修饰。加重眼部轮廓的刻画，适当运用眼影和眼线让眼睛呈现向上晕染的效果。

④ 鼻部修饰。运用提亮色来增加鼻根部的宽度，鼻梁可以塑造得挺拔些。

⑤ 面颊修饰。两颊可以运用阴影色修饰，从视觉上让两颊呈现立体感。

⑥ 唇部修饰。唇部轮廓勾勒宜饱满，但不能向外勾画。

⑦ 发型修饰。加强额头的蓬松感和高度，减少发尾发量，加强头发的垂感削弱两腮的宽度。

5.倒三角形脸

矫正方法，如图4-5所示。

① 脸形修饰。通过提亮色从视觉上对脸部两侧进行丰满的修饰。

② 眉毛修饰。眉毛不宜过粗过长，可以描画成拱形，适度缩短眉宇之间的距离。

图4-3　长形脸的矫正方法　　图4-4　正三角形脸的矫正方法　图4-5　倒三角形脸的矫正方法

③ 眼部修饰。适当运用眼影和眼线重点刻画内眼角，不宜运用拉长效果。

④ 鼻部修饰。运用阴影色和提亮色来增加鼻子的立体感。

⑤ 面颊修饰。腮红可以进行横向晕染，过渡要自然，不要形成大面积色块。

⑥ 唇部修饰。唇形不宜过大，唇色可选择艳丽的颜色。

⑦ 发型修饰。可以运用侧刘海挡住一部分额头，适当增加脸颊两旁的发量。

6.菱形脸

矫正方法，如图4-6所示。

① 脸形修饰。通过阴影色削弱颧骨的高度和尖下巴，通过提亮色增加消瘦部位，让面部更加圆润一些。

② 眉毛修饰。适合拱形眉毛，不宜下垂和拉长。

③ 眼部修饰。运用眼影和眼线重点刻画外眼角，运用眼影的晕染丰满下眼睑。适当拉长眼影和眼线。

④ 鼻部修饰。运用阴影色和提亮色来增加鼻子的柔和感。

⑤ 面颊修饰。腮红颜色不宜修饰过重，体现面部自然柔和的红润感。

⑥ 唇部修饰。唇部以圆弧形为宜，唇峰不可过尖，唇色可以略微鲜明。

⑦ 发型修饰。额头两侧发型适当加宽，削弱颧骨的棱角，让下巴变得略微圆润。

图4-6 菱形脸的矫正方法

第二节 局部矫正

一、眉毛的矫正

眉毛是距离眼睛最近的五官，有修饰眼睛的作用。眉毛的形状决定和表达一个人的内在情感和气质。

1.两眉间距过近

特征：两条眉毛向鼻根处靠拢，其间距小于一只眼的长度，这种眉形使五官紧凑、不舒展，如图4-7所示。

图4-7　两眉间距过近

修正：将眉头多余的眉毛除掉以加大两眉间的距离，用眉笔描画时，将眉峰的位置略向后移，眉尾适当加长。

2.两眉间距过远

特征：两眉头间距过远，大于一只眼睛的长度。离心眉使五官显得分散，容易给人留下不太聪明的印象，如图4-8所示。

图4-8　两眉间距过远

修正：由于这种眉形的眉头距离过远，所以要在原眉头前画出一个"人工"眉头。描画时要格外小心，否则会显得十分生硬做作。要点是将眉峰略向前移，眉梢不要画得过长。

3.吊眉

特征：眉头位置较低，眉梢上扬。吊眉使人显得有精神，但又会使人显得不够和蔼可亲，如图4-9所示。

图4-9　吊眉

修正：将眉头下方和眉梢上方多余的眉毛除去。描画时，要加宽眉头上方和眉梢下方的线条，这样才可以使眉头和眉尾基本在同一水平线上。

4.八字眉

特征：眉尾和眉头不在同一水平线。这种眉形使人显得亲切，但过于下垂会使面容显得忧郁和苦闷，如图4-10所示。

图4-10　八字眉

修正：去除眉头上面眉梢下面的眉毛。在眉头下面和眉尾上面的部分适当补画，尽量使眉头和眉尾能在同一水平线上，或使眉尾略高于眉头。

5.短粗眉

特征：眉形短而粗。这样的眉形显得粗犷有余，细腻不足，有些男性化，如图4-11所示。

图4-11　短粗眉

修正：根据标准眉形的要求将多余的眉毛修掉，然后用眉笔补画出缺少部分，可适当加长眉形。

6.眉形散乱

特征：眉毛生长杂乱，缺乏轮廓感，使得面部五官不够清晰、明净，如图4-12所示。

图4-12　眉形散乱

基础化妆

修正：先按标准眉形的要求将多余眉毛去掉，在眉毛杂乱的部位涂少量的专用胶水，然后用眉梳梳顺，再用眉笔加重眉毛的色调，画出相应的眉形。

二、眼睛的矫正

眼睛是心灵的窗户，也是传达情感的工具之一，利用色彩和线条都可以矫正眼睛的形状。

1.宽眼睑

宽眼睑的特点是眼睑过宽，使黑眼球比例变小，常使人显得眼大无神，缺少灵气，如图4-13所示。

图4-13　宽眼睑

修饰方法：用深色眼影贴近睫毛根部向外晕染，眉骨下方用亮色，上眼线沿睫毛根部描画，线条要细，下眼线描画在睫毛根内侧的眼睑上。

2.小眼睛

小眼睛的特点是眼裂过小，眼睛缺乏神采和应有的魅力，如图4-14所示。

图4-14　小眼睛

修饰方法：深色眼影从上眼睑边缘开始涂抹，向上逐渐减淡，下眼睑涂浅色眼影；上眼线用深色描画，适当画宽边缘线，外眼角可向外延伸。下眼线用浅色描画，外眼角画成水平线，不要与上眼线相连。

3.圆形眼

圆形眼的特点是内外眼角间距离小，眼睛弧度大，人显得机灵活泼、纯真，同时给人不成熟、幼稚的感觉，如图4-15所示。

图4-15　圆形眼

修饰方法：强调色用于眼皮的内外眼角，眼尾眼影色向外晕染，眼中部用阴影色收敛，不能用亮色，眉骨部位用亮色，下眼睑的眼尾要用强调色向外晕染，上眼线的内眼角略宽，眼睛中部平直而细，外眼角拉长、加宽并上扬，下眼线的外眼角略宽，描画到外眼角向内的1/2位置。

4.单眼皮

单眼皮的特点是上眼睑没有褶皱，眼睑平坦，缺乏层次感，如图4-16所示。

图4-16　单眼皮

基础化妆

修饰方法：用深色眼影在上眼线上方约5毫米涂抹，逐渐向上晕染成自然弯曲状。在画出的双眼皮中涂抹上亮色眼影；在上眼睑的边缘画上略粗的深色眼影，涂满整个眼睑，在下眼睑的边缘画上略粗的浅色眼线，涂满外侧眼睑的1/2即可。

5.左右眼睛不对称

左右眼睛不对称是指左右眼睛大小模样不同，一只眼是双眼皮而另一只眼是单眼皮，如图4-17所示。

图4-17　左右眼睛不对称

修饰方法：在这种情况下，考虑到单眼皮缺乏立体感，应该重点恢复立体感，这时，应该用较深的眼影色。在画眼影时，应该看睁开后的双眼大小和模样是否一致。必要时，应用双眼皮贴来调整眼形。

6.细眼形

细眼形的特点是眼睛细长，总有眯眼的感觉，使人显得温和细腻，但欠生动活泼，如图4-18所示。

图4-18　细眼形

修饰方法：宜用偏暖色眼影强调，采用水平晕染方法，上眼睑的眼影由离眼睑边缘2毫米部位向上晕染，下眼睑眼影从睫毛外侧向下晕染略宽一些；上眼睑部位用白色眼线笔描画，再用黑色眼线笔在睫毛外侧描画宽一些，上眼线的眼尾略向上扬，下眼线略呈弧形。

7.肿眼泡

肿眼泡的特点是上眼皮的脂肪层较厚或眼皮内含水分较多，使眼球露出体表的弧度不明显，人显得浮肿松懈，没有精神，如图4-19所示。

图4-19　肿眼泡

修饰方法：采用水平晕染，用深色眼影从睫毛根部向上晕染，逐渐淡化。眉骨部位涂亮色，肿眼泡的人尽量不要使用红色系眼影，上眼线的内外眼角略宽，眼尾高于眼睛轮廓，眼睛中部的眼线要细而直，尽量减少弧度。下眼线的眼尾略粗，内眼角略细。

8.吊眼

吊眼的特点是内眼角低，外眼角高，使眼角上扬。吊眼角的人显得机敏、年轻有活力。但眼尾过于上扬，显得不够温和，严厉甚至冷漠，如图4-20所示。

图4-20　吊眼

修饰方法：内眼角用强调色和浅亮色，外眼角用偏暗的阴影色，下眼尾部位也用相应的强调色；描画上眼线时，内眼角略粗一些，外眼角略细，下眼线侧重于眼尾的描画，描画得略粗一些，从眼尾画至眼部的1/2处。

9.向心形眼

向心形眼的特点是两眼间的距离过近，小于一只眼睛的长度，使五官显得紧凑，人显得紧张、不舒展，如图4-21所示。

图4-21　向心形眼

修饰方法：内眼角用浅色眼影晕染，外眼角用强调色向外晕染，将眼影向外拉长；上眼线内眼角描画要细浅，眼尾要加宽拉长；下眼线眼尾要强调，从外眼角向内描画到2/3或1/2处，内眼角不描画；睫毛的涂抹要厚，内眼角的睫毛不涂抹或涂薄。

10.离心形眼

离心形眼的特点是两眼间距离过远，宽于一只眼睛的长度，五官显得分散，人显得无精打采，松懈迟钝，如图4-22所示。

图4-22　离心形眼

修饰方法：内眼角用深色眼影收敛，强调色用于接近内眼角的部位，外眼角的眼影不宜向外拉长，上眼线的内眼角略粗，外眼角不向外延伸，下眼线的内眼角尽量描画，外眼角不宜强调，内眼角的睫毛涂抹要厚，外眼角睫毛涂抹略薄。

三、鼻子的矫正

鼻子的化妆在整个面部化妆中不占主导地位，但对一些鼻部有缺陷的女性来说，注意鼻部化妆有时可以收到意想不到的效果。下面就是一些常用的化妆技巧。

1.鼻子过短

修饰的方法是从离眉头 3 ~ 5 厘米的位置起，向鼻尖方向涂抹鼻影，并在眉头和眼角之间涂抹阴影色，鼻梁上明亮的底妆和鼻影相配，鼻子太短的感觉便会得到缓解，如图 4-23 所示。

2.鹰鼻

要从鼻子的中央到鼻头都涂上深色的粉底，看起来会缓和不少，如图 4-24 所示。

3.鼻翼过大

鼻翼过大看起来不太美观，修正方法是在两鼻翼部位涂上深色粉底，如图 4-25 所示。

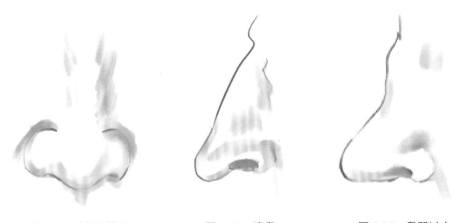

图4-23　鼻子过短　　　　图4-24　鹰鼻　　　　图4-25　鼻翼过大

4.鼻子长度过长

用咖啡色的鼻影从上往下涂抹，在鼻尖处也涂抹一些，鼻子看起来会短一些，如图4-26所示。

5.鼻梁太宽

可使用灰色眼影笔在鼻梁两侧画上两条细细的直线，然后在鼻翼两侧涂抹粉底，将粉底与鼻侧线一起轻轻揉开，如图4-27所示。

6.鼻子长度过短

看起来感觉鼻子过短，需要用咖啡色鼻影由眉头沿着鼻子的两侧下涂，直到鼻子的末端，鼻子就会显得长一些，如图4-28所示。

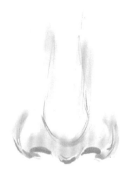

图4-26　鼻子长度过长　　　　图4-27　鼻梁太宽　　　　图4-28　鼻子长度过短

7.鼻梁过低

可用白色的粉底涂抹在鼻梁底部，鼻子两侧涂抹咖啡色的鼻影，鼻子就会显得高挺了，如图4-29所示。

8.鼻子过大

修饰的方法是整个面部化妆应采用柔和的色调，过于鲜艳的眼妆及口红会加深鼻子大的印象。鼻子的两侧涂抹稍微暗的鼻影，从鼻根开始，渐渐涂抹到鼻翼，如图4-30所示。

图4-29　鼻梁过低　　　　　　图4-30　鼻子过大

四、嘴唇的矫正

1.嘴唇过厚

外观特征：唇形性感饱满，具有一定的体积感，嘴唇过厚会弱化其他五官，使女性缺乏秀美的感觉。

修饰方法：重点在于调整嘴唇的厚度，保持嘴形本身的长度，将其厚度轮廓向内侧勾画，唇膏的颜色宜选择偏冷的深色，具有收敛的效果，如图4-31所示。

2.嘴唇过薄

外观特征：唇形过薄，缺少女性丰满、圆润的曲线感，给人感觉不够大方。

修饰方法：重点在于调整嘴唇厚度，保持嘴形本身的长度，将其厚度轮廓向外侧勾画，唇膏的颜色宜选择暖色调和亮色调，具有扩充的效果，如图4-32所示。

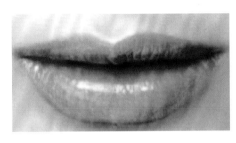

图4-31　嘴唇过厚　　　　　　图4-32　嘴唇过薄

图4-33　嘴角下垂

图4-34　唇形过大

图4-35　唇形过小

图4-36　唇形平直

3.嘴角下垂

外观特征：嘴角下垂给人愁苦的印象。

修饰方法：对唇角进行掩盖和修饰，适当改动唇部两侧的轮廓线，使嘴唇具有上翘的感觉。在描画此种唇形时，适当提亮嘴唇中部颜色，弱化嘴角的线条，如图4-33所示。

4.唇形过大

外观特征：嘴唇过大让下颌略显短小，给人以不善言谈的感觉。

修饰方法：重点在于刻画唇部轮廓线时要向内收敛，在原有的唇线内侧勾画唇线，让嘴唇变薄变窄。在刻画此种唇形时，宜选用偏深的颜色让嘴唇得到收敛，如图4-34所示。

5.唇形过小

外观特征：嘴唇过小让下颌略显大，给人以小气、琐碎的感觉。

修饰方法：重点在于刻画唇部轮廓线时要向外扩充，在原有的唇线外侧勾画唇线，让嘴唇变厚变宽。在刻画此种唇形时，宜选用偏浅和偏亮的颜色让嘴唇丰满，如图4-35所示。

6.唇形平直

外观特征：嘴唇过于平直，让人感觉没有圆润和曲线感。

修饰方法：重点在于刻画唇部轮廓线的圆润感和曲线感，如图4-36所示。

第五章
化妆设计的形态要素与形式美法则

第一节　点、线、面、体在化妆造型中的应用

任何视觉造型的形态都是由点、线、面、体等基本形态组成的，作为化妆造型师必须了解并掌握它的设计语言形态。通过点、线、面、体的变化可以创造出很多富有变化的造型：在人物化妆造型中为了展现适合的人物立体造型感，必须要合理运用点、线、面、体的语言形态，才能设计出最佳视觉效果的人物形象。化妆造型是以人为基础进行造型设计的，必须符合人的一切需求和要求，才能够算作好的化妆造型。

一、化妆造型中的点

1.点的概念

点是一切形态的基础，也是线的起点、终点、局部。点也用来表示位置，没有上下左右的连接性与方向性，其大小也不会超越视觉单位点的限度，超越这个限度就失去点的性质成为面了。

2.点的性质和作用

（1）**点的心理暗示**　从点的作用看点是力的中心，当画面上只有一个点时，人们的视线就集中在这个点上，它具有紧张性。因此，点在画面的空间中，具有张力作用，它在人们的心理上有一种扩张感（图5-1），一般用来表示位置，没有指向性，无具体尺度，只有在周围视觉要素对比下才能决定其是否有点，面积有多大；当画面中两个同等大的点各自占据其位置时，其引力作用表示现在连接此两点的视线（图5-2），有三个等同的点平均散开时，其张力表现为一个三角形（图5-3）；当画面中的两点为不同大小时，人们的注意力会集中在有优势的一方，然后再向劣势方向转移（图5-4）。点的排列在一条直线上，则产生线的感觉（图5-5）。

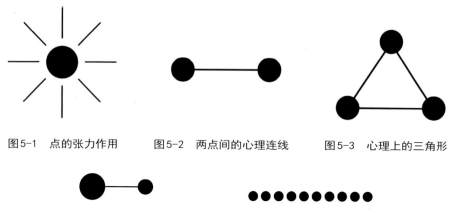

图5-1　点的张力作用　　　图5-2　两点间的心理连线　　　图5-3　心理上的三角形

图5-4　视觉中心首先在大点　　　图5-5　点的集中呈现虚线的效果

（2）点的视错　所谓"视错"就是感觉与客观事实不相一致的现象点所处的位置，随着色彩明度和环境条件等变化，便会产生远近、大小等变化的错觉。

① 明亮的色或暖色有膨胀和前进的感觉。因此，在黑底上的白点较同等大的在白底上的黑点大。黑点有收缩感（图5-6），白点有扩张感（图5-7）。

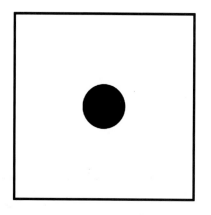

图5-6　黑点有收缩感

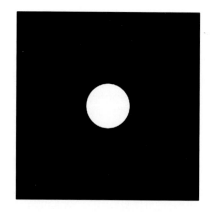

图5-7　白点有扩张感

② 同一大小的点，由于周围点大小不同，会使中间两个点也产生有不同大小的错觉，如图5-8、图5-9所示。

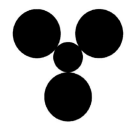

图5-8　在大点包围下感觉小　　　　图5-9　在小点对比下感觉大

③ 在两直线的夹角中（图5-10），同一大小的两个点，由于其位置不同，距角尖端的远近不同，便产生靠近角尖的点大的感觉。

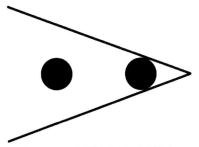

图5-10　点距边线近则感觉大

④ 同一大小的两点，由于空间对比关系的作用，紧贴外框的点，较离外框远的点感觉大，而且具有面的感觉。其原理主要是周围空间对比所产生的错觉，如图5-11、图5-12所示。

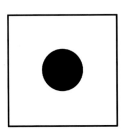

图5-11　周围空间大的点感觉小　　　　图5-12　周围空间小的点感觉大

3.点在化妆造型中的应用

点在化妆造型中是最基本的元素，也是一切形态的基础。任何小形态都可以看成是点，点存在于空间，没有长短、宽窄和深度。点有各式各样的形状，主要分为规则和不规则两大类，不同颜色、形状、质地的点都可以引发不同的感受。例如，图5-13中是规则的点，大小发生变化。图5-14中的眼部装饰就是点的运用，点的大小、疏密和色彩产生变化，使得整个妆面有了节奏感和韵律感。

图5-13 规则的点

图5-14 点用于眼部装饰

二、化妆造型中的线

1.线的概念

线是点移动的轨迹，线是面与面的交界，线只有位置和长度而不具备宽度与厚度。

2.线的性质和作用

（1）**线的心理暗示** 线是由点运动形成的，是点的延伸与扩展，具有明确的方向性。线主要分为几何线和自由线两大类，在化妆造型中有着极为重要的作用。不同形态的线也会引发不同的感受，例如几何线中的垂直线会给人严肃、庄重、强直、高尚的感受；而水平线会有静止、安定、平和的感受（图5-15）；斜线具有飞跃的感觉；几何曲线更具有变化性，会有一种速度感、动感，给人一种优雅、柔软的感觉；自由线是不规则的线条，更加富有表现力，更加富有想象力，在化妆造型中得到广泛的运用（图5-16）。

（2）**线的视错**

① 两条等长的水平直线，由于线段端头加入不同的斜线，因斜线与线段形成的角度不同，线段就会产生不同长度的错觉。上边的直线较下边的直线

089

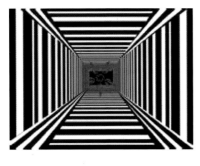

图5-15　水平线　　　　　　　　　　　图5-16　自由线

感觉稍短，下边的直线，由于斜线与直线成角超过90度，占据了直线以外的空间，故产生较上边直线稍长的感觉，如图5-17所示。

② 长的两条直线，垂直方向的直线比被分割成两段的水平直线感觉长，如图5-18所示。

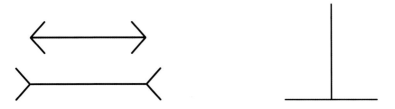

图5-17　等长的两条直线受到斜线影响产生的视错　　图5-18　被分割的水平直线感觉短

③ 同等长度的两条直线，由于其周围造型因素的对比，而产生错觉。其对比越强，则视错效果越强，如图5-19所示。

④ 一条斜向的直线，被两条平行的直线断开，其斜线会产生不在一条直线上的错觉，如图5-20所示。

图5-19　环境对比所产生的错觉　　　图5-20　斜线被断开所产生的错觉

⑤ 在一个用直线组成的正方形周围，加入曲线的因素，会使正方形的直线产生变形的视错效果。在方框内曲线的影响下，其方框直线会产生向外弯曲的感觉，如图5-21所示。

第一节　点、线、面、体在化妆造型中的应用

⑥ 两条平行直线，由于受斜线角度的影响而产生视错，使平行直线呈现曲线的感觉，如图5-22所示。

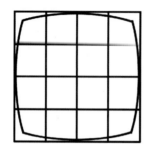 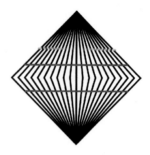

图5-21　曲线与直线并置时直线会产生曲线感　　图5-22　向心发射直线在平行直线上产生的错觉

3.线在化妆造型中的应用

在化妆造型中也会经常运用视错来修饰五官，从而达到标准完美的状态。所谓的视错就是利用感觉和客观事实不相一致的现象，通过色彩、明度和环境等变化，产生大小、远近等变化的错觉。例如同等大小的黑白圆点，黑色就会有收缩感，白色就会有扩张感。

线的视错在化妆造型中的应用，最典型的是眼线的运用，描画眼线从视觉上会拉长眼部长度或增大眼部的宽度。图5-23中眼尾部分画眼线可以有效地拉长眼部，同时眼部上方描画眼线从视觉上形成一个双眼皮的效果。

(a)　　　　　　　　(b)

图5-23　线的应用

三、化妆造型中的面

1.面的概念

面是线移动的轨迹。面有长度、宽度，没有厚度。直线平行移动成矩形；直线旋转移动成圆形；自由弧线移动构成有机形；直线和弧线结合运动形成不规则的形。

2.面的性质和作用

（1）**面的心理暗示**　不同形态的面在视觉上有不同的心理特征。直线形的面具有直线所表现的心理特征，如方形、矩形、三角形、四角形，有简洁、明了、安定、秩序感，男性的性格；曲线形的面有柔软、轻松、饱满的感受，女性的象征。偶然形的面，如水和油墨混合、墨洒产生的偶然形等，比较自然、生动。

（2）**面的视错**

① 大小的错觉。由于环境形象大小不同的对比作用，使同样大小的两个倒三角形，周围形体小的面产生大的感觉；相反，周围形体大的面，则感觉小，如图5-24所示。

② 同等大的两个圆形，上下并置，上边的圆形给人感觉稍大。原因是，一般观察物体时，视平线习惯在中线偏高的位置，上部的图形大多数都形成视觉中心，所以，在视觉上产生了错觉效果，如图5-25所示。

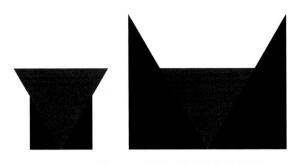

图5-24　环境对比所产生的错觉　　　　图5-25　视平线高所产生的错觉

③ 带有圆角的正方形，由于圆角的影响，会使人产生错觉，其四边的直线，能给人稍向内弯曲的感觉，如图5-26所示。

④ 用等距离的垂直线和水平线，组成两个等面积的正方形，其长、宽的感觉却不一样。水平线组成的正方形，给人感觉稍高；而垂直线组成的正方形，使人感觉稍宽，如图5-27所示。

基础化妆

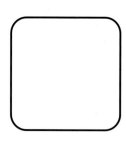

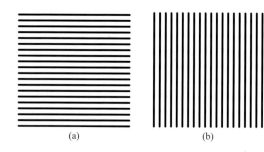

(a)　　　　　　　　(b)

图5-26　用带有弧度的边线调整错觉　　图5-27　线群方向不同所产生的错觉效果

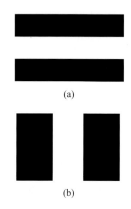

(a)

(b)

图5-28　画面分割所产生的错觉效果

⑤ 两个同等面积的长方形，在横向和竖向上均进行三等份的分割。其视错所产生的效果是，横向等分的长方形，由于横条给人一种长的印象，所以感觉较竖向分割的长方形稍长，而竖向分割的长方形，却有较高的错觉，如图5-28所示。

3.面在化妆造型中的应用

面具备了点和线的特征，面是二维空间最复杂的构成元素。面分为几何面、自由面、虚面、实面。不同的面同样也会产生不同的感受。几何面包括方形的面、圆形的面等。直线构成的面（方形的面、菱形的面等）具有简洁、安定、井然有序、男性性格的感觉；而曲线构成的面具有柔软的感觉。自由面则充满了偶然性和不确定性，具有女性特征，产生优雅、魅力、柔软的感觉。图5-29中由几何面、自由面构成。虚面与实面在化妆造型中的应用是最普遍的，通过虚、实面的变化可以很好地塑造面部及五官的立体感，图5-30通过眼部及颧骨的刻画，利用眼影和腮红的虚实、深浅过渡变化塑造眼部的立体感。

图5-29　几何面、自由面

图5-30　眼部立体感

四、化妆造型中的体

1.体的概念

体是平面运动的轨迹。体与外界有明显的界线。

2.体的性质和作用

（1）**体的心理暗示**　体的语义与体的量关系很大，大而厚的体量，能表达浑厚、稳重的感觉；小而薄的体量，能表达轻盈、飘浮的感觉。体的造型包括：几何平面体、几何曲面体、自由体和自由曲面体等。几何平面体，如正立方体、长方体等，具有简练、大方、庄重、安稳、沉着的特点；几何曲面体，如圆球、圆环、圆柱等，能表达理智、明快、优雅和端庄的感觉；自由体，如天然的鹅卵石、人体造型等，具有柔和、平滑、流畅、单纯、圆润的特点；自由曲面体，如酒杯、花瓶等，能表达既凝重、端庄又优美、活泼的感觉。

（2）**体的视错**

① 分割视错。两个体积完全相同的长方体，分别进行水平和垂直方向分割。水平分割长方体的比例关系显得扁一些，垂直分割长方体的比例关系显得高耸一些，如图5-31所示。

② 体积视错。其一是对比关系影响对体积的判断，如同样体积的球体，由于周围球体大小不同，就使中间两个球体也产生不同大小的错觉（图5-32）；其二是色彩视错觉，主要由目标对象色彩属性中明度关系和色相关系决定，如白色立方体看上去比实际体积有扩大的感觉，黑色立方体看上去比实际体积有缩小的感觉（图5-33）。

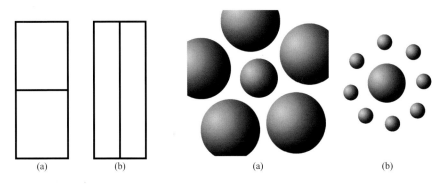

(a) 　　　　(b) 　　　　　　　　　(a) 　　　　　　(b)

图5-31　水平与垂直分割的立方体　　　　　图5-32　体积视错

图5-33　色彩视错觉

③ 光学视错觉。是由于反射、折射等一些材料的光学属性，造成人们视觉判断上的偏差，有目的地利用光学视错觉，可以表现出特殊的视觉效果。

④ 完整性视错觉。主要指形态被减缺，成为不完整的形态时，人们对其造型属性在判断上的偏差。如球体被其他形态穿透的情况下，就会丧失球体浑圆、完整的视觉属性。

3.体在化妆造型中的应用

　　体是平面运动的轨迹，体分为几何平面体、几何曲面体、自由体和自由曲面体等。不同造型的体会给人带来不同的视觉感受，如正方体、长方体等几何平面体具有简练、安稳、沉着感，在化妆造型中也是如此；圆球、圆柱等几何曲面体，具有明快、优雅与端庄的感觉；人体造型等自由体具有柔和、平滑、圆润感；酒杯、花瓶等自由曲面体，具有优美、活泼的感觉，在化妆造型中也是如此。图5-34中面部的几何平面体与自由曲面体的运用使得整个妆面在简练的基础上又增添了一丝抽象的时尚感。图5-35中圆柱体彩色小药丸的运用使得妆面具有了趣味性。

图5-34　体在化妆中的运用（一）

图5-35　体在化妆中的运用（二）

第二节　化妆中形式美法则的运用

　　形式美法则是人类在创造美的过程中对美的形式、规律的经验总结和抽象概括，形式美法则随时代的发展而不断变化，逐渐成为表达特定审美内容的表现方法，也已成为现代设计的理论基础知识。

　　形式美法则适用于各类视觉艺术，化妆设计也应遵循其中的规律与原则。化妆的表现方式和技法虽然多种多样，但都离不开形式的设计，离不开造型艺术的基本规律与法则。形式美法则在化妆设计的实践中，具有极其重要的作用，为化妆设计的审美表达提供了理念、经验和灵感。形式美法则包括对比与协调、对称与均衡、节奏与韵律、比例与分割等方面内容。

一、对比与协调

　　对比与协调是相对而言、相辅相成的。没有对比就没有调和，它们是一对不可分割的矛盾统一体。

　　对比是一种变化的效果，是以相悖、相异的元素组合起来，以突出或增强各自特性的形式。对比追求的是差异、强调的是区别，但也要受到统一的制约，要在统一的前提下追求对比的变化。艺术形式中的对比因素很多，对视觉形象而言，主要通过色调的明暗、冷暖，色彩的饱和度，色相的迥异感，形状的大小、粗细、长短、曲直、高矮、凹凸、宽窄、厚薄，方向的垂直、水平、倾斜，数量的多少，排列的疏密，位置的上下、左右、高低、远近，形态的虚实、轻重、动静、隐现、软硬、干湿等方面的对立因素来表达，充分体现了哲学上矛盾统一的世界观。对比法则广泛应用在化妆设计中，通常运用对比关系令视觉效果更明显、更强烈。例如图5-36中的造型突出了色彩与质感的对比关系，同时通过红色的唇部与整体造型中的银色系形成对比，重点突出唇部造型，视觉效果更加强烈。化妆中往往采取强烈对比的处理手法达到重点突出的效果。图5-37中妆面刻画重点在于眼部，弱化唇部及面部，使其形成强弱对比关系，眼妆更突出。对比小，则变化小，易于取得相互呼应、和谐、协调、统一的效果。因此，在化妆设计中恰当地运用强弱对比是取得统一与变化的有效手段。

　　与对比相反，协调是削弱相互对立元素的冲突，协调不同元素趋于缓和，呈现和谐艺术效果。协调体现着舒适的、不矛盾的稳定状态。一般来讲，对比强调差异；而和谐强调统一，差异程度较小。化妆中，可以通过适当减弱形、线、色等要素间的差距以达到整体的和谐感。协调设计也是最常用的化妆表现方法之一，因为人的五官和色彩，只有达到协调才容易产生美感。这是人的生理因素所决定的，也是人的审美心理所需求的。调和设计不仅运用于妆面色彩，还运用于发型、五官刻画的样式以及整体搭配中所用的装饰材质。图5-38运用了金色的同类色与邻近色组合，形成了和谐宁静的效果，给人以协调的感受。图5-39从眼妆、唇妆、头饰至指甲的色彩都采用了同类色组合，整体更加和谐，形成呼应。

图5-36　对比关系

图5-37　眼部对比关系

图5-38　金色同类色与邻近色组合

图5-39　同类色组合

二、对称与均衡

对称与均衡是自然界物体遵循力学的原则，反映客观物质存在的一种形式。对称与均衡客观上存在着密切的联系，最简单的均衡就是对称。对称与均衡所体现出来的都是一种平衡的美感，一方面是强调视觉上的平衡感，另一方面是满足人的心理需求，因为人的心理总是自觉地追求一种稳定而安全的感觉。如今，对称与均衡法则已相当广泛地运用于化妆设计中。

对称是指设计元素以一中心点或对称轴作二次、三次或多次的重复配置所构成的等量的对应形式。例如，面部美一直追求左右对称的美感（图5-40）。用化妆可以适当调整脸形及五官的左右不对称，弥补原有形的不足。如眼部两侧对称的睫毛装饰物采用对称的手法，展现出平和的美感。

均衡也叫作非正式平衡或者非对称平衡，在整体视觉上形成不等形而等量的重力上的稳定，是设计元素之间的组合保持视觉上平衡的一种形式。均衡与对称互为联系，但比对称要丰富多变。在造型设计中，均衡往往打破了对称的呆板与严肃，追求活泼、新奇的情趣，因此，均衡也更多地应用于现代化妆设计中。图5-41中的发型设计虽是不对称设计，但整体偏一侧的卷发与耳饰的搭配形成了均衡的视觉效果。

对称与均衡是化妆设计追求稳定的一对法则，可以互补，在化妆设计中经常综合起来进行运用，在整体均衡中有局部对称，在整体对称中有局部的均衡。图5-42中的造型就是非常典型的对称与均衡的综合运用。眼妆及眉妆均采用对称的手法，而卷发梳于一侧，为了达到均衡，则手捧花妆饰于另一侧。有时大胆地运用不对称形式作为化妆修饰的手段，在保持整体平衡的基础

图5-40　面部妆面对称

图5-41　发型设计的均衡

图5-42　对称与均衡

上，通过适当的局部变化或突破，可以达到特殊的效果。

三、节奏与韵律

　　节奏与韵律是互相依存、密不可分的统一体，是美感的共同语言，是创作和感受的关键。

　　节奏是指某一设计元素规律地反复出现，引导人的视线有序运动而产生的动感，包括有规律的、无规律的以及等级性的。节奏本是指音乐中音响节拍轻重缓急的变化和重复，但它不仅限于声音层面。化妆造型中的节奏主要体现在形、色、质的综合运用上。例如线条的直曲、轻重，色彩的明暗、鲜灰，脸部结构的凹凸变化等。这些要素的交替错落、灵活运用会产生一定的生动感和韵律感，避免妆面出现呆板、单一的效果。图5-43用水钻在眉毛上进行规律的排列、组合，形成整个造型的节奏美。也可以在眼眉部制作由短到长、由疏到密、由小到大的夸张睫毛或其他装饰品，塑造出具有节奏美的局部形象。图5-44则是利用珠片从眼部至眉部，由小到大、由疏到密、颜色由深至浅排列组合，形成造型上的节奏感。整个妆面既体现立体感又形成了韵律感，造型元素丰富。

图5-43　水钻在眉毛中的造型　　图5-44　珠片在眼部至眉部的造型

　　韵律是指设计元素做强弱起伏、抑扬顿挫变化的美感。韵律在节奏的基础上更强调某种情趣或基调的体现，是节奏更高层次的发展。因此有韵律的设计一定是有节奏的，但有节奏的设计未必一定有韵律。在化妆设计中，有效地把握节奏是体现韵律美感的关键。图5-45作品中流畅的色彩过渡与衔接突出了韵律的艺术美感，也打造出了轻柔和谐的造型风格。图5-46眼妆深浅强弱对比过渡到两颊，圆润流畅的眼妆与笔直的黑色剑眉形成强烈对比，使得整个妆面有了强弱起伏，产生了节奏感与韵律感。

图5-45　韵律造型　　　　　　　图5-46　眼妆与眉毛的韵律造型

四、比例与分割

比例是指设计主体的整体与局部、局部与局部之间的尺度或数量关系。被广泛使用的比例关系有黄金比例、等差数列、等比数列等。同时在分割形式上又包括水平分割、垂直分割、斜线分割、曲线分割、自由分割。其中黄金分割比例（1：1.618）被公认为最完美的比例形式，体现了人们在视觉上的审美要求。

对化妆设计而言，比例是化妆各部分尺寸大小之间的对比关系，比例的应用对化妆造型产生的视觉效果起着重要的作用。例如五官之间的大小关系，五官与面部之间的大小对比关系等。在化妆造型中，比例设计方法多种多样，可以用面部与发型的轮廓比例来塑造或改变形象，如：放大发型与面部的轮廓比例可使脸形显小；加长刘海的长度可使脸形显短，增加刘海的宽度与侧发可使脸形变窄等。图5-47发型设计中运用了曲线分割，将头发按深浅、厚薄巧妙地分割为三部分，塑造出饱满的立体发型。

图5-47　发型曲线分割

基础化妆

五、呼应

呼应如同形影相伴，是构图表现方法之一，是指画面中的各元素之间要有一定的联系，达到均衡、和谐、含蓄的画面效果。呼应属于均衡的形式美，是各种艺术常用的手法。呼应也有"相应对称""相对对称"之说，一般运用形象对应、虚实气势等手法求得呼应的艺术效果。

在化妆设计中，呼应可以表现在造型、线条、色彩、质感等方面。图5-48模特发型的大S形高马尾巧妙地与双鬓的弧线进行了呼应，以此来修饰脸形并打造出高傲甜美的风格。图5-49将唇妆的色彩与眼影及装饰物的色彩相呼应，形成紫色系，营造出整体的均衡美感。

图5-48　发型呼应　　　　　　图5-49　唇妆与眼影呼应

第三节　化妆中艺术美感的运用

化妆设计中的表现形态多种多样，可以通过不同方式来表达其艺术美感。

一、立体感

在现代的化妆设计中，可以通过打暗影、填充等方法创造出很多造型感极强的立体效果。独特的化妆造型能够迅速抓住观者的视线，体现化妆造型的个性美感以及增强整体形象的视觉效果。比如，通过添加假发的方式来增强发型的立体感；通过鼻翼的暗影突出鼻子的立体感。图5-50作品中眉、眼、鼻翼、唇、睫毛及颧骨部位的描画强有力地突出了面部的立体感。

二、整体感

化妆设计最终成型的视觉效果应该是完整而和谐的。这种和谐的整体感可以通过一些具体的造型方法以及装饰搭配原则来实现。图5-51造型中发型和妆容都有着羽毛般的效果并与服装、配饰相得益彰，强调了形象设计的整体美感。

图5-50　面部立体感　　　　图5-51　发型与妆容的整体感

三、层次感

层次感是化妆设计在主次、远近、大小、前后等方面形成透视关系。层次感是体现化妆造型立体效果的重要手段。图5-52发型设计中挑染的造型形成主次透视关系突出了发型的层次美感。

图5-52　发型设计的层次感

四、表现力

表现力是突出化妆设计的色彩、造型、装饰等方面。化妆设计有古典、甜美、另类的风格之分，因此它们都有适合表现的领域。图5-53极具宗教特色的造型突出了古典风格的表现力；图5-54的化妆造型突出了华丽风格的表现力；图5-55的化妆造型突出了硬朗、中性风格的表现力；图5-56的化妆造型突出了甜美、清新风格的表现力；图5-57的怪异造型突出了另类风格的表现力。

图5-53　古典风格

图5-54　华丽风格

图5-55　中性风格

图5-56　甜美、清新风格

图5-57　另类风格

第六章
化妆造型分析

化妆技术发展到现在已经成为一种视觉艺术。它是在人的自然相貌和体貌特征的基础上，运用艺术表现的手法，弥补人们形象的缺陷、增添真实自然的美感，或营造出不同风格、不同创意的整体艺术形象。根据化妆造型的分类，将化妆造型分为生活化妆造型和舞台化妆造型两大类。

第一节　生活化妆造型

一、裸妆造型

（一）裸妆的特点

所谓裸妆就是运用高超的化妆技术，让肌肤看起来完美无瑕，不是舞台般的浓妆，皮肤更加轻薄、自然、健康，因此肌肤的保湿、遮瑕就是裸妆非常重要的部分了，需要根据肌肤状况选择底妆，这样会让妆容整体更加服帖，自然裸妆就是明明花了很多心思，却力求看起来无妆感。我们可以将淡妆视为裸妆的一部分，但裸妆绝不等于淡妆。

（二）裸妆造型要点

1.肤色的修饰

裸妆要求肌肤自然光亮、清透水嫩、保湿，粉底和遮瑕都是裸妆的重点。根据肌肤条件来选择底妆：皮肤好的人可以选用粉底液、BB霜或薄透的粉底；皮肤差的人可以选用粉底霜或遮盖能力强的粉底，可以采用少量多次的方法让粉底更加自然。

2.眉眼的修饰

眉毛可以根据模特自身的眉毛进行简单描画，不要刻意描画；眼线需要在睫毛根部描画来提升眼妆的清洁度；眼影可以选用大地色系增加眼部的深邃感和轮廓感。

3.腮红和嘴唇的修饰

慎重选择腮红的颜色，营造出白里透红的气色是非常重要的。不要刻意描画嘴唇的轮廓线，体现红润、自然、健康的颜色。

4.发型和服饰的修饰

干净利索的马尾辫是最好的发型，服饰也是简单的利索的休闲装最好。

二、新娘妆造型

（一）新娘妆的特点

结婚是人生中的一件大事，精致的婚礼服、精致的新娘妆面是整个婚礼中最受瞩目的焦点。新娘化妆有别于一般普通化妆，显得格外慎重。不仅注重脸形、肤色的修饰，化妆的整体表现尤其要自然、高雅、喜气，而且要使妆效能持久、不脱落。整体而言，新娘的妆扮，特别注重整体美感的呈现，发型、化妆、配饰、礼服、头纱、捧花及个人的仪态、气质均必须精心雕饰、巧妆一番。

（二）新娘妆造型要点

1.肤色的修饰

新娘妆肤色修饰强调肤质细腻、洁白无瑕，在涂抹粉底之前应当修饰皮肤的颜色和遮盖面部的瑕疵，运用高光色和阴影色来强调面部的立体感。婚纱不管是什么款式都会裸露脖子和手臂等部位，在修饰面部肤色的同时注意修饰一下裸露的部位，避免造成面部与其他部位颜色不一致的现象出现。

2.眉眼的修饰

眉毛根据新娘自身的眉毛进行简单描画，注意颜色不要太深；眼线需要描画得自然柔和且不可太重太浓；眼影可以选用粉红、珊瑚红等色系增加感情，但面积不宜过大。

3.腮红和嘴唇的修饰

腮红的颜色需要选择浅淡柔和的色彩，希望体现出白里透红的气色。口红的修饰重点是能够保持持久，口红的色彩选择需要根据新娘的肤色来选择。

4.发型和服饰的修饰

新娘的发型多以鲜花、皇冠和白纱等饰品来妆饰，新娘妆的服饰多以白色婚纱和红色旗袍为主。

三、晚宴妆造型

（一）晚宴妆特点

晚宴妆要浓而艳丽，五官描画可适当夸张，重点突出深邃明亮的迷人眼部和饱满性感的经典红唇。多用于气氛较隆重的晚会、宴会等高雅的社交场合。由于时间和环境对灯光的要求，妆面色彩比一般妆面浓一些。

（二）晚宴妆造型要点

1.肤色的修饰

晚宴妆的肤色修饰需要选择遮盖能力强的粉底霜，基础色、高光色、阴影色可以在此妆面上大胆尝试。用高光色提亮面部凸出的位置，用阴影色收敛面部凹陷的位置，用色可以大胆一些，让面部变得更加立体。

2.眉眼的修饰

根据自身条件进行眉毛描画：可以强调也可以忽略；眼线需要重点描画并且需要与假睫毛相结合营造出重点描画的感觉；眼影可以采用深色系的，主要强调眼部凹凸的结构效果。

3.腮红和嘴唇的修饰

腮红可以选择冷色调的颜色，希望体现出面部的立体效果。嘴唇的轮廓需要描画清晰，颜色可以选用明艳的颜色体现立体感。

4.发型和服饰的修饰

发型的选择多为盘发或卷发，需要突出时尚感和新颖性。服饰需要选择正式的礼服。

第二节　舞台化妆造型

一、（新闻类）节目主持人妆面造型

（一）（新闻类）节目主持人妆面特点

新闻类节目主持人的工作主要是播报新近发生的事实，在节目报道中不能夹杂个人感情因素，所以他们的形象给人的感觉应该是严肃、端庄，不追随流行趋势。

（二）（新闻类）节目主持人妆面造型要点

1.肤色的修饰

新闻类节目拍摄以近景和特写为主，镜头推得比较近，化妆时对主持人的面部肤色、遮瑕、立体感都有更高的要求。尤其是现在很多电视台都是以高清信号进行传输，观众收看到的图像越来越清晰，这也对化妆造型中肤色的遮瑕提出了更高的要求。

2.眉眼的修饰

眉毛需要根据主持人自身的眉形来进行简单的描画，相对浅淡；眼影多以肉粉、棕色系为主，尽量使用较少的颜色进行描画；尽量不使用假睫毛，睫毛不能刷得太长、太浓密、太夸张。

3.腮红和嘴唇的修饰

腮红和嘴唇可以采用自然的肉红色来描画，需要将嘴角勾勒清晰，体现主持人端庄的气质。

4.发型和服饰的修饰

此类节目主持人的发型多为利落的短发和顺直的头发，一定要露出脸和耳朵，头发不能乱，不能有碎发。服装多以正规的套装、西装为主。

二、（综艺类）节目主持人妆面造型

（一）（综艺类）节目主持人妆面特点

综艺类节目主持人的工作主要是根据节目的需要塑造出符合节目风格的主

第六章　化妆造型分析

持人形象，在观看有趣节目的同时，主持人的妆面、发型、服饰往往也会成为人们对时尚理解的风向标。

（二）（综艺类）节目主持人妆面造型要点

1.肤色的修饰

娱乐类节目录制的时间一般比较长，需要根据主持人的皮肤类型来选择隔离和粉底霜。在考虑粉底颜色时需要考虑灯光和空间的问题，尽量选择比本人肤色白一号的粉底。运用按压的方法将粉底按到皮肤里面，粉底可以厚重一些，但需要保持粉底的持久性。

2.眉眼的修饰

妆面应该按照流行的趋势进行描画：眉形需要描画得精致一些；眼线可以重点刻画与眼影融合到一起；眼影可以选择与服装和配饰相近的颜色；假睫毛可以粘贴得浓密一些的。妆面重点是眼睛。

3.腮红和嘴唇的修饰

腮红主要起到修饰脸形的作用，可以根据主持人的肤色选择腮红的颜色。口红主要起到修饰嘴形的作用，将嘴唇勾画出标准形状即可。

4.发型和服饰的修饰

发型需要根据主持人的脸形来进行调整，不能太夸张，需要注意大的轮廓线条，以盘、编、卷为主。由于晚会的性质，主持人的服装也应典雅庄重，女主持人多穿着华丽的晚礼服，男主持人多穿着套装礼服与之呼应。

三、歌手化妆造型

（一）歌手化妆特点

各种类型的歌手最终都会站在灯光很强的舞台上，强烈的灯光会弱化妆容的效果。歌手的妆面需要五官更加立体，化妆需要忽略流行元素，找到适合歌手脸形、气质的唯美妆面。

（二）歌手化妆造型要点

1.肤色的修饰

因为强烈的舞台灯光，歌手的粉底用遮瑕效果好、厚一些的粉底膏比较好。自然色、提亮色、阴影色将面部打造得更立体一些。

2.眉眼的修饰

眉毛需要精细地描画，形状要适合歌手脸形；眼影可以选择金棕色或者带珠光的眼影来进行描画；眉眼需要浓郁的画法显得更加深邃和有神。

3.腮红和嘴唇的修饰

腮红和口红的颜色也可以根据服装的颜色来选择。

4.发型和服饰的修饰

发型可以是利索的盘发或有型的大波浪；服饰可以选择礼服或者根据歌曲选择少数民族服装、军装等合适的服装。

四、平面广告化妆造型

（一）平面广告化妆特点

平面广告通过平面媒体、户外广告等广告传播形式来展现客户产品。创作上要求具有时尚感和独特的表现手法来强调真实性。平面广告的妆面需要自然、贴近生活、展现健康和自然的一面。

（二）平面广告化妆造型要点

1.肤色的修饰

粉底的颜色需要细腻、自然，与肤色一致。根据拍摄广告的主题和灯光等因素调整肤色。

2.眉眼的修饰

眉形需要根据自身眉毛特点进行描画；眼影可以选择不带珠光的大地色眼影来进行描画或者根据广告的需要或服装的颜色进行颜色的选择。

3.腮红和嘴唇的修饰

腮红和口红的颜色也可以根据拍摄的内容、拍摄的主题、拍摄的服装等来选择。

4.发型和服饰的修饰

发型和服饰也可以根据拍摄的内容、拍摄的主题需要等来进行选择。

五、明星化妆造型

（一）明星化妆特点

人们经常会看到明星们在颁奖典礼上展示以自我特色为主的高质感妆容和华丽时尚的妆饰，在典礼上，女星多为秀身材、秀服装、秀精致打造的妆面。

（二）明星化妆造型要点

1.肤色的修饰

需要打造精致底妆，保持完美无瑕、精致细腻的肌肤，任何的细纹和斑点瑕疵都需要处理得看不出来才行。粉底需要尽量具有持久性，不能脱妆，否则就没有神采奕奕的风采了。化妆后可用喷雾水让粉底和肌肤更融合，多用定妆粉补妆。

2.眉眼的修饰

眼影的晕染范围可以扩大，在眼影的选择上可以考虑有光泽感的珠光眼影；眼线和眼影需要结合得完美些；睫毛可以选择假睫毛或涂防水的睫毛膏增加眼部的轮廓感。

3.腮红和嘴唇的修饰

腮红主要起到修饰脸形的作用，让脸部看起来更具有立体感。妆面用唇彩就可以了，用富有光泽感的唇彩让唇形更加丰满性感。

4.发型和服饰的修饰

随意的大波浪和利落的盘发都是明星风采的最好展现，服饰也是随场合和流行趋势等元素来决定的。

第七章
化妆造型作品点评及赏析

第一节 生活化妆造型

一、裸妆造型

图7-1 裸妆造型

作品点评

　　模特的皮肤条件比较不错，选用与肤色颜色相近的粉底液来调整面部的皮肤颜色。眉毛的形状根据模特脸形来确定，但颜色过于浓重，眉毛稍有些不对称。眼线选用眼线笔来进行描画，眼影的颜色采用棕色系增加眼部轮廓感。腮红的位置有些不对称（如图7-1所示）。

二、新娘造型

图7-2　新娘造型

作品
点评

　　新娘造型整体比较完整，头饰与服装的搭配比较和谐，耳环和项链的搭配为整体造型增色不少。妆面中眉毛有些不太对称，腮红的面积过大需要稍微调整一下（如图7-2所示）。

基础化妆

三、晚宴造型

图7-3　晚宴造型

作品
点评

　　晚宴造型中服装的不对称性是造型的亮点之一。头饰的佩戴与服装的裙子相得益彰，是比较完整的晚宴造型。在头饰的假发运用方面走向可以更高耸一些。妆面部分眉毛后半部分可以稍微淡一些，口红的颜色可以更浓艳一些（如图7-3所示）。

第二节　舞台化妆造型

一、新闻类节目主持人造型

图7-4　新闻类节目主持人造型

作品
点评

　　作为新闻类的节目主持人妆面一定要干净、自然，不能过于浓艳。从作品上看：模特的眉毛有些不对称，腮红的颜色过淡，都需要进行修正。服装的选择、发型的选择都是非常合适的（如图7-4所示）。

二、综艺类节目主持人造型

图7-5　综艺类节目主持人造型

作品
点评

　　综艺类节目主持人最大的特点就是妆面可以浓艳一些，服装可以华丽一些，可以佩戴首饰。从作品上看：模特的服装、配饰都没有问题。眉眼之间的距离没有完全拉开，让我们觉得不太舒服，如果眉毛能够再提高一些，整体就会觉得舒服很多（如图7-5所示）。

三、歌手造型

图7-6　歌手造型

作品
点评

　　歌手造型在舞台灯光的作用下需要轮廓更加清晰和明显。模特的眼部凹凸感需要重点突出，鼻子的高耸感需要重点突出，腮红的位置要找准确。眼部可以根据舞台的大小和光感的强烈程度适当加入有光感的眼影，嘴唇可以选用珠光的唇彩让妆面看起来更加的闪耀（如图7-6所示）。

四、平面广告模特造型

图7-7　平面广告模特造型

作品点评

　　广告模特的造型需要根据推广的产品来选择造型的浓艳程度。展示作品主要突出模特清纯、自然的特点，所以在妆面颜色的选择上更趋于裸妆的效果。但需要注意的是模特的轮廓感强调得不足（如图7-7所示）。

五、明星造型

图7-8　明星造型

作品
点评

　　明星是人们关注的焦点人物，尤其是在出席重要场合的时候都需要在化妆、发型、配饰、服装上下一番工夫。展示作品化妆非常到位，但是脸部与脖子和前胸的结合部分没有更好地使用粉底进行结合，给人有断层的感觉。但是其他部分还是很到位的（如图7-8所示）。

第三节　创意化妆造型

一、镂空创意法

镂空创意法是指借助镂空的图案效果在面部进行化妆造型的一种方法（如图7-9所示）。

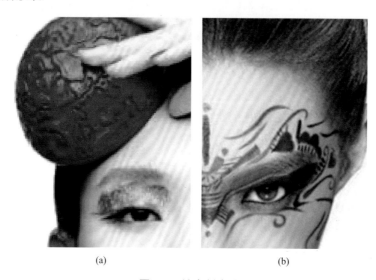

(a)　　　　　　　　　　　　　　(b)

图7-9　镂空创意法

二、粘贴创意法

粘贴创意法是指利用实物（水钻、亮片、花瓣）等粘贴在面部的某个部位，出现独特的面部艺术效果（如图7-10所示）。

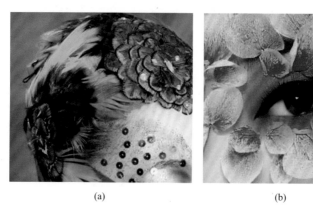

(a)　　　　　　　　　　　　　　(b)

图7-10　粘贴创意法

三、艺术彩绘法

通过彩绘的方法在局部进行勾画，让妆面出现不同的效果。彩绘的部分不受面积、部位、形式等的限制。

图7-11　艺术彩绘造型

作品点评

通过面部的彩绘图案，让妆面和发型具有一定的结合，虽然笔法不够细腻，但是整体效果表现非常好（如图7-11所示）。

基础化妆

四、综合创意法

图7-12　综合创意造型

作品点评

　　展示作品结合了镂空创意、粘贴创意、艺术彩绘三种方法。通过剪纸头饰和化妆方法的结合创作了这幅作品，从整体看比较不错；如果能够搭配相应的服装就更加完美了（如图7-12所示）。

参考文献

[1] 李芽著. 中国历代妆饰. 北京：中国纺织出版社，2004.

[2] 徐家华，张天一著. 化妆基础. 北京：中国纺织出版社，2009.

[3] 君君著. 创意化妆造型设计. 北京：中国轻工业出版社，2010.

[4] 顾筱君著. 时尚化妆. 北京：机械工业出版社，2012.

[5] 林秋著. 至美妆言——专业造型化妆的秘密. 北京：人民邮电出版社，2014.

[6] 乔国华著. 化妆造型设计. 北京：高等教育出版社，2005.

[7] 梁义著. 新娘造型设计与技法（化妆篇）. 沈阳：辽宁科技出版社，2012.

[8] 徐家华，张天一著. 化妆设计. 北京：中国纺织出版社，2011.

[9] 徐子淇著. 服装构成基础. 北京：化学工业出版社，2010.

[10] 叶京文著. 色彩构成. 北京：清华大学出版社，2010.

[11] VOGUE时尚网，WWW.vogue.com.

[12] 安洋. 化妆造型从入门到精通. 北京：人民邮电出版社，2018.

[13] 马羊. 化妆造型技术完全自学手册. 北京：人民邮电出版社，2017.